本书为中共中央宣传部2015年度马克思主义理论研究和建设工程
重大项目暨国家社会科学基金重大项目成果之一
课题批准号：2015MZD037

地震灾后绿色重建手册

地震灾后乡镇典型调查分析

仇保兴 主编

中国建筑工业出版社

图书在版编目（CIP）数据

地震灾后乡镇典型调查分析/仇保兴主编．—北京：
中国建筑工业出版社，2016.12
（地震灾后绿色重建手册）
ISBN 978-7-112-20073-3

Ⅰ.①地… Ⅱ.①仇… Ⅲ.①地震灾害-灾区-重建-研究报告-汶川县 Ⅳ.①D632.5

中国版本图书馆 CIP 数据核字（2016）第 269756 号

本书为《地震灾后绿色重建手册》之一。本书共三篇，分别是四川汶川地震三市五乡镇典型调查总报告、分报告以及专题报告，内容包括不同类型村落灾损分析、灾后重建安置方式与位置意愿调查分析、政府补助方式与自身能力调查分析、灾后农村重建组织方式调查分析、政策建议及保障措施；都江堰向峨乡灾后重建农村建设规划调查报告、什邡市红白镇灾后重建农村建设规划调查报告、绵竹市玉泉镇灾后重建农村建设规划调查报告、小金县两河乡灾后重建农村建设规划调查报告；不同类型村落灾损的差异性分析报告、农民意愿调查分析报告、安置方式分析报告、住房面积与建筑形式及建筑材料分析报告等。

本书主要面向从事地震灾后房屋建筑和市政工程修复、加固与重建中，参与决策、设计、施工、管理的工程技术人员以及村镇干部和居民等。

责任编辑：于　莉　田启铭
责任设计：李志立
责任校对：李欣慰　焦　乐

地震灾后绿色重建手册
地震灾后乡镇典型调查分析
仇保兴　主编
*
中国建筑工业出版社出版、发行（北京海淀三里河路 9 号）
各地新华书店、建筑书店经销
唐山龙达图文制作有限公司制版
北京建筑工业印刷厂印刷
*
开本：787×1092 毫米　1/16　印张：12¾　字数：304 千字
2017 年 1 月第一版　2017 年 1 月第一次印刷
定价：**40.00** 元
ISBN 978-7-112-20073-3
（29535）

《地震灾后乡镇典型调查分析》
编委会

主　　编： 仇保兴

编委会成员： 李兵弟　赵　晖　白正盛　高　潮　袁中金
徐学东　段绪胜　陈　瑛　陈继军　陆伟刚

赴四川调查组成员：

中国建筑设计研究院：高　潮

山东农业大学：徐学东　段绪胜　胡化坤　张玉明　李一凡
徐　杰　王连新　王翠玲　陈　莹　孟庆翠
刘　永　黄　钢　李　明　李博杰　王东海
王少杰　秦元伟　雷　彤　王修强　李　乐
姚小立

山东大学：陈　瑛　李景刚　张　添

苏州科技学院：袁中金　吴好汉

山东科技大学：贾宏俊　吴新华　张金玉　孙凌志　王秀菊

扬州大学：郭熵烽　王　辉　李　建

华东师范大学：申　立

清华大学城市规划设计研究院：陈继军

数据整理分析成员：徐学东　李一凡　赵　伟　张继祥
霍拥军　孟庆翠　陈　莹　黄　钢
王少杰

总报告执笔：高　潮　袁中金

阿坝州小金组分报告执笔：段绪胜　郭熵烽

德阳市什邡组分报告执笔：徐学东　陈　瑛

成都市都江堰组分报告执笔：李一凡　贾宏俊

专题报告执笔：陈　瑛　郭熵烽　吴好汉　唐利平　杜景龙
黄明华　侯爱敏　杨忠伟　单鹏飞　顾姗姗

顾　坚　叶　进　王文超　姚晓光　陈喻雯
王　悦　李　伟

本书第一版为科技部“十一五”科技支撑计划“村庄整治关键技术研究”课题调研成果之一。课题编号：2006BAJ0GA00

修订组成员：

王　云　杨宝路　林思辰

《地震灾后绿色重建手册》丛书序

城镇是“人工与自然复合的复杂结构”，这种复杂结构是人类最富想象力、最雄伟的创造，同时也是人类自我创造的最危险的家园。人类社会发展已经步入“城市时代”，全球有超过一半人口已经居住在城镇。人类的居住方式从分散化转向集中的同时，也伴生着环境、安全、能源、社会、水资源等方面的危机。我国贯彻保护耕地、节约资源的原则，选择了以紧凑型城镇为主的城镇化模式，所有城镇每平方公里建成区的人口控制在一万人左右，紧凑型城镇有利于节约宝贵的耕地和节能减排，但也更容易放大各类灾害的效应。我国大陆处于地震烈度6～9度的地震区占国土面积的60%以上，2/3的人口达到百万以上的城市处在地震烈度7度以上的高危险区。这就要求我国的城镇化策略更要注重城镇生态和安全的建设，对地震灾后的城镇推行绿色重建。

地震灾后绿色重建就是要总结国内外地震灾后重建的历史经验教训，以创新的精神和科学的思路来进行“创造性”的重建。这意味着要在充分认识灾区生态地理条件、地质地貌现状和原有经济社会发展特征等方面的前提下，从长远发展的角度来谋划城乡重建规划。这不仅仅意味着高效率地恢复城镇功能，更重要的是在原有的基础上赋予城镇新的发展理念和增添新地区价值。地震灾后绿色重建的目标，就是重建的城镇应该成为生态城镇，更加安全、舒适、有活力、更具有可持续性。

地震灾后绿色重建不仅需要怜悯、关切、激情，更重要的是需要冷静、科学的态度和理性的思考：要以更加开放的胸怀，更具创新性的理念，更广泛地调动各种各样的积极因素来帮助重建；要更加尊重生态自然环境，尊重普通民众的根本利益，尊重本地的传统文化和社会资本；要更加明确重建的目标、项目、步骤，不仅要为灾后的幸存者建造更安全、舒适的生态城，同时也要着眼于他们的子孙后代的生活更美好；重建后的城镇不仅仅具有生态城市的典范影响，而且具有可复制、可改进、可推广的深远意义。

弹性地建设城市系统、让城市能更好地适应各种环境变化，这一理念近年来成为学界研究的热门领域。对于地震灾后重建而言，借鉴弹性理念的绿色重建模式，是更加尊重自然、顺应自然的建设模式，也是适应力和恢复力更强并拥有学习和发展能力的韧性系统。“危机”意味着危难但同时也是机遇，遵循弹性设计与建设原则的修复和重建，可使受灾城市有更好的韧性来抵御后续次生灾害的冲击，并能够改变原先的演进轨道，跳跃性地获得抗灾害能力、系统的自主适应性和发展的可持续性，在修复重建的同时增强其对未来灾害的抵御能力。

在2008年汶川地震修复重建期间，我们组织相关专家编纂了《地震后重建家园指导手册》，为当时的灾后重建工作提供了强有力的技术支撑。2009年，经过对内容的修订与扩充，我们又编写了《地震后重建技术丛书》。自2014年始，我们组织了中国城市科学研究会、中国建筑设计研究院、四川大学灾后重建与管理学院、中国城市规划设计研究院等单位相关专家，重新修订了《地震灾后生命线工程修复加固与重建技术》、《地震灾后建筑修复加固与重建技术》、《地震灾后乡镇典型调查分析》等册，增补了《地震灾后重建案例分析》中的内容，增加了《地震灾后过渡安置与管理》、《地震灾后恢复重建模式》等册，并为了突出“绿色重建”理念，将丛书名改为“地震灾后绿色重建手册”，是中共中央宣传部2015年度马克思主义理论研究和建设工程重大项目暨国家社会科学基金重大项目“生态文明背景下的绿色城镇化研究”（课题批准号：2015MZD037）成果之一。近几年间，又有玉树、芦山等部分地区遭受了不同程度的地震灾害。在这些地区救灾和恢复重建的过程中，也积累了一些宝贵的经验教训，这些也成为本丛书修订增补的重要内容。

愿本丛书能成为今后指导地震灾后重建的重要技术参考，谨以此书献给为历次地震灾区救援与重建贡献力量的人们。

国务院参事、中国城市科学研究会理事长、
原国务院汶川、玉树地震灾后重建协调组副组长
仇保兴
2016年12月5日

目　录

第一篇　四川汶川地震三市五乡镇典型调查总报告

2008 年汶川地震后，2014 年雅安芦山地震发生，2015 年尼泊尔地震发生。应对频发的地震灾害，仇保兴博士组织专业领域人员展开对地震后重建技术丛书的修编工作。震后乡镇典型调查分析的首版源于 2008 年 6 月 13 日，按住房和城乡建设部村镇建设办公室指示，中国建筑设计研究院“国家‘十一五’科技支撑计划‘村庄整治关键技术研究’课题组”，紧急组织各子课题承担单位的 38 人，涉及城市规划、土木工程、结构工程、建筑学、土地资源、生态环境、建筑造价、园艺学、农村经济管理等专业，分为三个典型小组和一个报告撰写小组，分赴阿坝州小金县两河乡、都江堰市向峨乡、什邡市红白镇三个乡镇，进行了村民小组全覆盖典型精确调查；对都江堰市泰安古镇和绵竹市玉泉镇部分村民小组进行了典型调查；对什邡市红白镇、蓥华镇、八角镇、湔氐镇、洛水镇、狮古镇和绵竹市汉旺镇、九龙镇、尊道镇、广济镇、玉泉镇及绵阳市游仙区柏林镇、太平乡 13 个乡镇进行了震毁现场踏勘、拍摄和调查。其中，典型调查共走访 26 个行政村 165 个村民小组，收回问卷 741 份，有效问卷 738 份，拍摄相关资料照片 13000 多张，有关调查情况见图 1-0-1，表 1-0-1～表 1-0-3。

调查点的基本背景　　**表 1-0-1**

市州	县市	乡镇	民族	地貌	经济模式
阿坝	小金	两河乡（217 人）	居藏、羌、回、汉等民族，其中藏族人口占 74%	高山高原地区为主	以农业经济为主，辅以牧业。全乡自然资源丰富，生产多种名贵中药材和野生食用菌
成都	都江堰	向峨乡（197 人）		中山峡谷地区为主	农业以水稻、玉米、小麦为主；经济作物：猕猴桃，“三木”药材等
		青城山泰安古镇（21 人）		高山高原和中山峡谷	村民几乎全部以旅游业为生，耕地全部还林，部分村民还拥有少量林地，种植药材、猕猴桃等增加收入
德阳	什邡	红白镇（243 人）		高山高原和中山峡谷	耕地极少，农业收入只占 20%，旅游业和矿业各占村民收入的 40%
	绵竹	玉泉镇（60 人）		平坝浅丘地形为主	

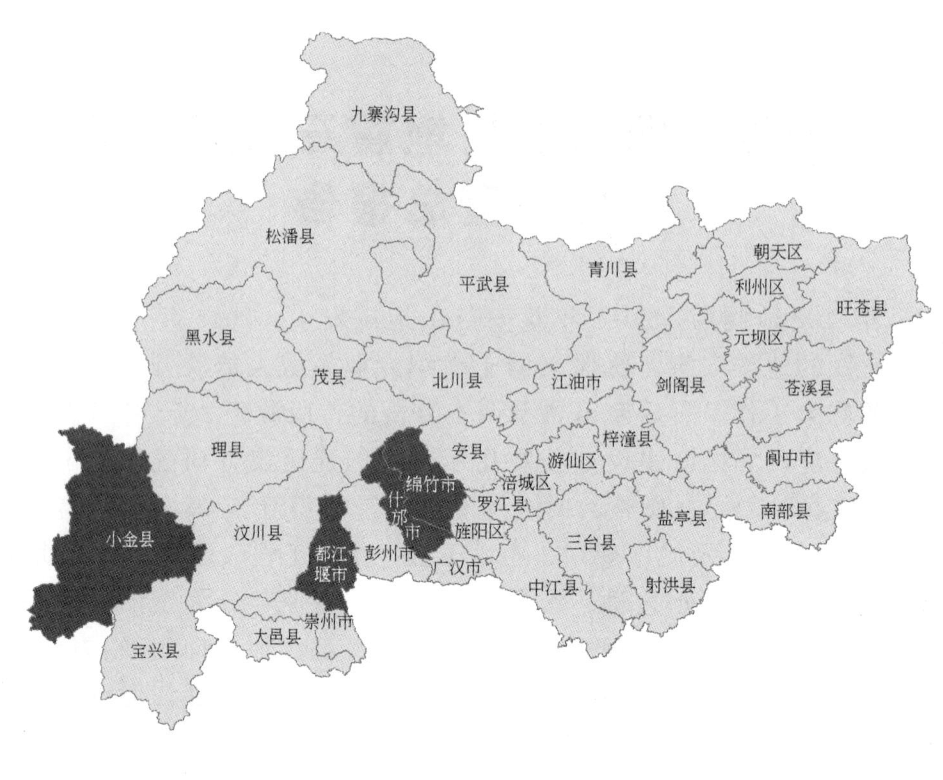

图 1-0-1 四川省 38 县重灾区范围（黑色区域为本课题组典型调研地区）

农民意愿调查样本基本情况 **表 1-0-2**

市州	县市	乡镇	人数
阿坝	小金	两河乡	217
成都	都江堰	向峨乡	197
		青城山泰安古镇	21
德阳	什邡	红白镇	243
	绵竹	玉泉镇	60
合计			738

报告撰写小组走访乡镇一览表 **表 1-0-3**

调查组	县市(区)	乡镇
报告撰写小组	什邡市	红白镇、蓥华镇、八角镇、湔氐镇、洛水镇、狮古镇
报告撰写小组	绵竹市	汉旺镇、九龙镇、尊道镇、广济镇、玉泉镇
报告撰写小组	绵阳市游仙区	柏林镇、太平乡

现场调查完成后，参与调查的人员每人撰写了调查报告与小结，完成图片汇总整理，输入包括规划表及农民意愿调查表电子表格，完成数据录入、校对和数据分析，编写各分组报告 3 个，专题报告 8 个，共完成调查报告 5 个，现将有关分析汇集如表 1-0-4 所示。

四川汶川地震灾后重建规划社会调查调查对象与抽样情况汇总表　　表 1-0-4

调查组	乡镇	村名	震前人数	震后		死亡失踪人数	村民组数	规划调查表		农民意愿调查		村庄类型
				人数	户数			组数	抽样率(%)	份数	抽样率(%)	
什邡组	什邡市红白镇	木瓜坪	943	853	319	90	8	8	100	52	16	中山峡谷
什邡组	什邡市红白镇	红白村	699	670	238	29	4	4	100	41	17	平坝浅丘
什邡组	什邡市红白镇	柿子坪	1497	1445	477	52	6	6	100	41	9	平坝浅丘
什邡组	什邡市红白镇	五桂坪	1035	1002	321	33	6	6	100	28	9	平坝浅丘
什邡组	什邡市红白镇	峡马口	1108	1078	343	30	7	7	100	27	8	中山峡谷
什邡组	什邡市红白镇	松林村	1222	1133	387	89	7	7	100	46	12	中山峡谷
什邡组	绵竹市玉泉镇	桂花村	3335	3329	1119	6	12	12	100	38	3	平原
什邡组	绵竹市玉泉镇	龙兴村	2839	2831	934	8	12	12	100	24	3	平原
都江堰组	都江堰市向峨乡	鹿池村	810	800	203	10	6	6	100	12	6	中山峡谷
都江堰组	都江堰市向峨乡	龙竹村	843	826	199	17	7	7	100	24	12	中山峡谷
都江堰组	都江堰市向峨乡	海虹村	893	869	228	24	7	7	100	29	13	中山峡谷
都江堰组	都江堰市向峨乡	连月村	1389	1345	340	44	13	13	100	27	8	中山峡谷
都江堰组	都江堰市向峨乡	石碑村	1362	1320	335	42	11	9	82	34	10	中山峡谷
都江堰组	都江堰市向峨乡	石瓮村	939	921	256	18	9	9	100	21	8	中山峡谷
都江堰组	都江堰市向峨乡	棋盘村	795	766	245	29	7	7	100	18	7	平坝浅丘
都江堰组	都江堰市向峨乡	茶房村	643	613	186	30	6	6	100	35	19	平坝浅丘
都江堰组	都江堰市青城山	泰安古镇	1411	1405	204	6	11	5	45	21	10	中山峡谷
小金组	小金县两河乡	两河村	1049	1049	483	0	5	5	100	24	5	高山高原
小金组	小金县两河乡	虹光村	626	626	147	0	4	4	100	33	22	高山高原
小金组	小金县两河乡	大寨村	923	923	227	0	4	4	100	57	25	高山高原
小金组	小金县两河乡	油房村	578	578	129	0	4	4	100	28	22	高山高原
小金组	小金县两河乡	彭坝村	239	239	52	0	2	2	100	9	17	高山高原
小金组	小金县两河乡	科牛村	523	523	125	0	3	3	100	14	11	高山高原
小金组	小金县两河乡	大板村	428	428	103	0	2	2	100	25	24	高山高原
小金组	小金县两河乡	前锋村	279	279	77	0	2	2	100	17	22	高山高原
小金组	小金县两河乡	木城村	180	180	48	0	2	2	100	16	33	高山高原
小金组	小金县两河乡	镇区	200	200	45	0						高山高原
合计	5 个乡镇	26 个村						165 个		741 份 有效 738 份		

第1章　不同类型村落灾损分析

本次地震宏观震中位于汶川县映秀镇，地处四川盆地与青藏高原东缘之间的龙门山断裂带，震中烈度超过11度；沿汶川—茂县—北川—平武—青川一带，形成一个长约300km、宽约50～80km椭圆形的强震区；位于震中位置汶川县。

本次调研区包括阿坝、成都和德阳三市（州）的小金县、马尔康县、都江堰市和德阳市4个县（市），5个乡镇，27个行政村，总人口为25834人，总户数为7502户。

四县（市）五乡镇的地貌类型复杂，差异性较大，各乡镇的经济类型、民风民俗也存在较大的差异。按地貌类型可分为高山高原地区、中山峡谷地区和平坝浅丘地区三种地貌类型（见表1-1-1）；按经济形态可分为农业经济区、农牧业经济区、旅游经济区和工矿-旅游-农业混合区；按民风民俗可分为少数民族集聚区、古镇和普通农庄（见表1-1-2）。

不同地貌类型调研范围及户数分布　　**表1-1-1**

地貌类型	调研范围	调研户数
高山高原地区	阿坝州小金县两河乡9个行政村的27个村民小组，都江堰市青城山乡泰安古镇7个村民小组，什邡市红白镇木瓜坪和红白村9个村民小组	316
中山峡谷地区	都江堰市向峨乡海虹、莲月、龙竹、鹿池村共32个村民小组，都江堰市青城山乡泰安古镇4个村民小组，绵竹市玉泉镇桂花村12个村民小组，什邡市红白镇峡马口、松林、柿子村、五桂坪共31个村民小组	307
平坝浅丘地区	都江堰市向峨乡茶房村和棋盘村共13个村民小组，绵竹市玉泉镇龙兴村12个村民小组	114

不同经济类型区基本情况　　**表1-1-2**

经济类型	调研范围	人口	面积(km^2)	耕地面积	备注
农业经济区	玉泉镇、向峨乡19个行政村，2个居委会，187个村民小组	35600	85.60	34000亩	以农业为主的汉族居住区
工矿-旅游-农业混合区	红白镇6个行政村，1个居委会，38个村民小组	30000	332.93		耕地非常少，农业收入占20%，旅游业和矿业各占村民收入的40%
旅游经济区	泰安古镇(青城山)				村民几乎全部以旅游业为生，耕地全部还林，部分村民还拥有少量林地
农牧业经济区	两河乡的9个行政村，27个村民小组	4900	1035	耕地6997亩，牧草地5633hm^2，森林6660hm^2	居住人口主要是藏族

不同类型村庄损失情况可能会有差异（如不同地貌类型地区和不同烈度的乡镇）。本章将依据现场调研数据，对不同类型村庄灾损进行分析与评价，为灾后重建提供参照性建议，最后本章根据村庄在地震中的受灾情况总结了村落重建的选址要点和村落重建过程中房屋结构的设计要点。

1.1 人员伤亡情况

地震伤亡是指地震直接造成的人员伤亡，分三个等级：轻伤（无需住院治疗的伤员）、重伤（需要住院治疗的伤员）、死亡（地震直接致死或致伤过重，7日内死亡的人员）。本次报告分析了死亡人数，造成地震死亡的主要原因，为震后重建的村落在选址、房屋结构的选择等方面提供参照性建议。

1.1.1 调查区地震中人口死亡率

调查区受调查的人口总量（震前）是25834人（见表1-1-3），震后人口总量是25307人，总伤亡人数527人，有24户家庭在地震中遇难，死亡人数占总人数的2.1%。相对于日本、美国等发达国家的地震死亡率，汶川地震的死亡率相对较高，地震死亡率的具体影响因素包括村落所在的地形地貌、房屋结构形式、震区人口密度、防灾知识的普及率和防灾措施等。

各乡镇受调查总人口及户数　　表1-1-3

所在市7州4县乡镇	人口		户数	
	震前	震后	震前	震后
阿坝-小金-两河	5025	5025	1436	1436
成都-都江堰-向峨	8317	8073	2188	2178
成都-都江堰-青城山	1411	1405	194	194
德阳-绵竹-玉泉	6174	6160	2096	2096
德阳-什邡-红白	4907	4644	1588	1574
总数	25834	25307	7502	7478

1.1.2 各地区的人员伤亡情况

表1-1-4和图1-1-1对各乡镇的死亡人数进行了统计，阿坝州小金县两河乡，无人员伤亡，成都市都江堰市青城山镇地震造成人员死亡占总人口的0.6%，成都市都江堰市向峨乡几个行政村调查到的死亡人数占总人数的2.9%，最严重的德阳市什邡市红白镇，死亡人数占总人数的5.4%。死亡人数占总人数的比例，德阳市最高，都江堰市向峨乡次之，其余地区的死亡人数则更低。

各乡镇死亡人数统计　　表1-1-4

所在市(州)县乡镇	震前人口	震后人口	震前户数	震后户数	死亡人数	死亡人数比例(%)
阿坝-小金-两河-合计	5025	5025	1436	1436	0	0
阿坝-小金-两河-平均数（以行政村为单位）	179	179	51	51	0	
成都-都江堰-向峨-合计	8317	8073	2188	2178	244	2.9
成都-都江堰-向峨-平均数	107	104	28	28	3	

续表

所在市(州)县乡镇	震前人口	震后人口	震前户数	震后户数	死亡人数	死亡人数比例(%)
成都-都江堰-青城山-合计	1411	1405	194	194	6	0.6
成都-都江堰-青城山-平均数	16	15	2	2	1	
德阳-绵竹-玉泉-合计	6174	6160	2096	2096	14	0.01
德阳-绵竹-玉泉-平均数	182	181	62	62	1	
德阳-什邡-红白-合计	4907	4644	1588	1574	263	5.4
德阳-什邡-红白-平均数	126	119	41	40	7	

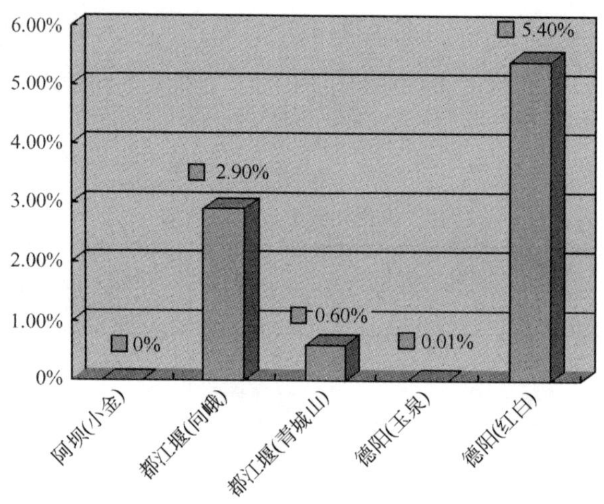

图 1-1-1　死亡人数占总人数的比例

1.1.3　死亡人数与地震烈度的关系

如表 1-1-5 所示，地震烈度高的两个地区什邡和绵竹，死亡人数比例分别是 0.01%、5.4%，相差较大；地震烈度低的青城山死亡人数占总人数的 0.6%，同样地震烈度较低的两河无死亡人数；地震烈度最低的向峨乡，死亡人数占总人数的 2.9%。可见地震烈度与死亡人数没有直接联系。

伤亡人数与地震烈度的关系　　**表 1-1-5**

市州	县市	乡镇	地震烈度	行政村平均死亡人数	死亡人数比例(%)
阿坝	小金	两河	6～7	0	0
成都	都江堰	向峨	5～6	3	2.9
成都	都江堰	青城山	6～7	1	0.6
德阳	什邡	红白	7～8	1	0.01
德阳	绵竹	玉泉	7～8	7	5.4

1.1.4 伤亡人数与地形地貌的关系

处于高山高原地区的被调查行政村平均死亡比例最低（阿坝州所辖的行政村 0 人死亡），位于中山峡谷地区的死亡人数居中（青城山、红白平均每个行政村死亡 1 人），平坝浅丘地区的死亡人数最多（绵竹平均每个行政村死亡 7 人），见表 1-1-6。从此次调查的区域来看，地震中伤亡人数与地形地貌关系密切。

伤亡人数与地形地貌的关系　　表 1-1-6

市州	县市	乡镇	地形地貌	行政村平均死亡人数	死亡人数比例(%)
阿坝	小金	两河	高山高原	0	0
成都	都江堰	向峨	中山峡谷	3	2.9
成都	都江堰	青城山	高山高原中山峡谷	1	0.6
德阳	什邡	红白	高山高原中山峡谷	1	0.01
德阳	绵竹	玉泉	平坝浅丘	7	5.4

1.1.5 影响地震伤亡人数的其他因素

影响地震伤亡人数的因素除地形地貌之外，还有震区人口密度、人口结构、建筑物结构以及震区人口的防灾意识等。

1.2 房屋破坏损失情况

1.2.1 房屋受损总体情况

各县市的房屋受损情况总体比较严重，见表 1-1-7 和图 1-1-2。其中倒塌户数占了总量的 61%，倒塌间数占了总量的 64%；严重破坏房屋户数为 26%，房间数为 24%；一般破坏房屋户数为 10%，房间数为 9%；轻微破坏房屋户数为 3%，房间数为 3%。

四个县市房屋损失情况　　表 1-1-7

市州(县市)	倒塌		严重破坏		一般破坏		轻微破坏	
	户数	房间数	户数	房间数	户数	房间数	户数	房间数
阿坝(小金)	267	2096	501	4008	452	3559	189	1476
成都(都江堰)	1817	13011	505	3876	27	268	46	200
德阳(什邡)	1513	14274	74	394	0	0	7	6
德阳(绵竹)	929	4206	863	4279	256	1075	5	23
总计	4526	33587	1943	12557	735	4902	247	1705
比例(%)	61	64	26	24	10	9	3	3

从图 1-1-2 和表 1-1-7 可以明显看出，达到毁坏程度，已无法修复的房屋占 64%；其次是构成危房，严重破坏程度的房屋达到 24%，需要大修；而一般破坏、轻微破坏（基

本完好）的房屋比率很低，仅9%和3%。从而可以得出结论：此次地震对房屋的破坏非常严重，造成的直接经济损失巨大。

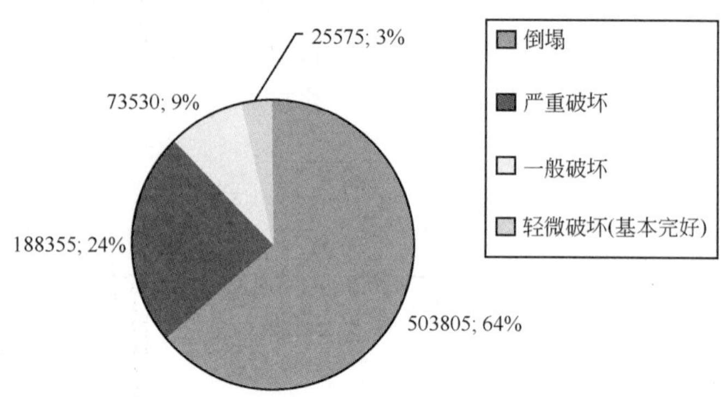

图 1-1-2　房屋破坏损失比示意图

1.2.2　不同地貌形态上的房屋受损程度

尽管各乡镇房屋损失都比较严重，但统计分析发现不同乡镇的房屋受损程度差异相当大（见图1-1-3），其中德阳红白镇的破损程度最严重，倒塌的房屋占到了97%；成都的两个乡镇次之，分别为76%和65%；德阳的玉泉镇和阿坝的两河乡损失相对较轻，分别为44%和19%。从以上数据可以看出，位于中山峡谷地区的红白镇、青城山镇和向峨乡的房屋破坏程度严重，位于平坝浅丘地区的玉泉镇损失次之，而位于高山高原地区的两河乡和向峨乡的一部分破坏最轻。可见地震在不同的地形地貌地区，造成的损失具有很大的差异性。在今后的村镇建设选址中，要尽量避开中山峡谷地区的不利地形，如果在这类地形上设村镇居民点，一定要提高房屋的抗震能力。

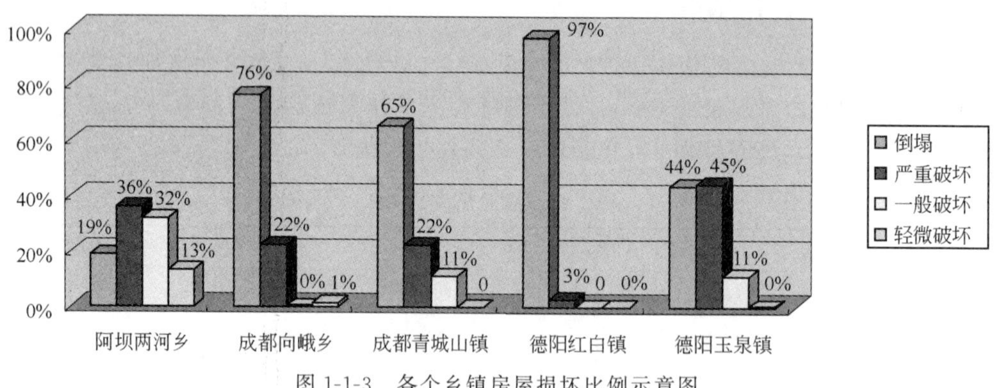

图 1-1-3　各个乡镇房屋损坏比例示意图

1.2.3　不同地震烈度的房屋毁损程度

玉泉镇、红白镇由于处在地震烈度高的地区，房屋受损面积最大，两河乡、青城山镇地震烈度比向峨乡高，受损面积却相对小，可见地震烈度对房屋的毁损影响强烈，但不是决定性因素，房屋的结构对抗震能力有较大的影响。小金县两河乡的房屋大多是木-石结构，是1989年9月22日震后改建推广的一种房屋类型，具有较好的抗震性能，因此，在此次地震中受损最轻。各评估子区房屋破坏情况见表 1-1-8。

各评估子区房屋破坏情况 **表 1-1-8**

裂度	乡镇	倒塌（房间数）	严重毁坏（房间数）	一般破坏（房间数）	轻微破坏（房间数）	基本完好（房间数）	总面积（m^2）
5～6	向峨	11606	3374	27	200	0	228105
6～7	两河、青城山	3501	4510	3798	1476	0	199275
7～8	玉泉、红白	18480	4673	1075	1722	0	389250

1.3 村落重建选址要点

从调查结论来看，伤亡人数与地形地貌关系密切，平坝浅丘地区地震灾害中的伤亡人数较多；从房屋受损情况来看，中山峡谷地区房屋受损最严重，平坝浅丘地区次之，而高山高原地区最轻；从道路和供水管网的损毁情况来看，高山高原地区受损最严重，中山峡谷地区次之，平坝浅丘地区最轻；从桥梁损失情况来看，平坝浅丘地区损失最为严重。因此，村落重建选址时应避免选取伤亡影响最大的地区，同时应避开地震烈度较高的地区，村落重建选址应以原址重建为主。

1.4 灾后重建房屋结构的设计要点

房屋结构是影响房屋破坏程度的主要因素之一，木-石结构的房屋抗震性能较强，而纯石结构的房屋抗震性能较差，根据此调查，从房屋结构对受灾的影响程度来看，建议建筑设计中采取木-石结构或木结构建筑结构形式。

第 2 章　灾后重建安置方式与位置意愿调查分析

关于灾后重建农民意愿的调查重点选择三个州市开展，分别是阿坝、成都和德阳，虽然调查对象都是受灾农民，但不同调查点受灾农民的民族、文化、经济发展模式、地貌特征、受灾程度有差别，这些因素也会影响农民意愿。即在灾后重建中，不同民族、不同经济模式的受灾农民会有不同的想法。这对灾后重建农村规划考虑“因地制宜”具有参考意义。

本次调查中，涉及受灾农民安置方式与位置意愿部分共设置了四个问题：第一，安置意愿，共有六个选项，分别为原址重建、村外乡镇内重建、乡镇外县内重建、县外省内重建、省外重建、省内城镇化安置；第二，本村安置时能接受与原址的最远距离，共有四个选项，分别为 1km 以内、1～2km、2～3km、3km 以上；第三，是否接受其他受灾地区群众在本村组安置，共有三个选项，分别为接受、不接受、无所谓；第四，如果不反对外村灾民安置到本村组，对来源有无要求，共有四个选项，分别为行政村外本镇（乡）内、镇乡外本县（市）内、县（市）外、无要求。

通过上述各项指标的调研统计，希望能够获得灾民有关安置方式、安置位置、对外地灾民的接受程度等相关信息，以期对灾后重建提供科学的依据。

2.1　灾后重建选址的倾向性分析

灾后重建选址无外乎原址重建和异地重建两种方式，通过调查希望摸清灾民更倾向于哪一种重建方式；对于原址破坏严重，无法实现原址重建必须进行异地重建的村落，什么样的距离、什么样的方式更好。通过数据分析，得出以下两个主要结论。

（1）绝大部分灾民希望原址重建

分析显示，原址重建是灾民选择的最主要的重建方式，占受访灾民总数的 83.43%；其次是村外乡镇内重建，占 11.38%；选择乡镇外县内重建、县外省内重建、省外重建与省内城镇化安置的比例很小，见图 1-2-1、表 1-2-1。

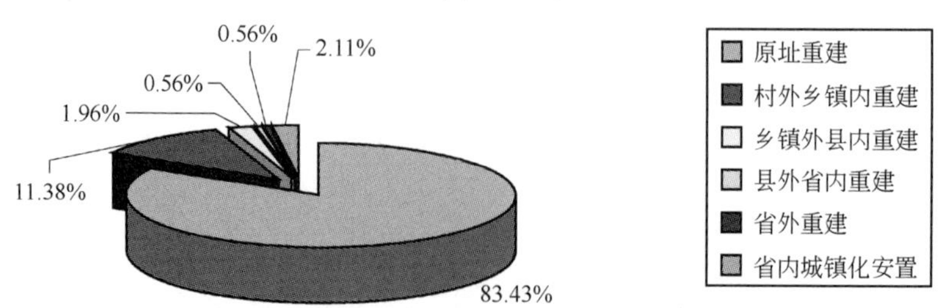

图 1-2-1　四川省汶川地震灾区重建意愿结构图

不同地形区重建方式选择统计表（%） **表 1-2-1**

重建方式	高山高原区	中山峡谷区	平坝浅丘区
原址重建	87.18	74.21	76.92
村外乡镇内重建	6.55	15.09	15.38
乡镇外县内重建	1.42	2.52	1.54
县外省内重建	0.28	0.94	0.00
省外重建	0.28	0.94	0.00
省内城镇化安置	1.42	2.52	3.08
其他	2.87	3.78	3.08

但是，对不同地形区，统计结果不同。有意思的是，希望原址重建的比例最高的地区是在高山高原地区，平坝地区次之，中山峡谷地区比例最低；选择村外乡内重建方式的，中山峡谷地区与平坝浅丘地区相当，均有约15%的村民选择，高山高原地区选择的比例最低；选择省内城镇化安置的比例均较低，但平坝浅丘地区，即人口密集城镇化率较高地区，如都江堰市则相对较高，中山峡谷地区次之，高山高原地区相对最低。这一结果可能反映了越是自然条件较差地区，对故土的眷恋程度越高，视野较为狭窄，对离开故土的信心不足。

一般来说，高山高原地区与中山峡谷地区，自然条件较差，地质结构不稳定，破坏性也较大，自然环境的承载能力较低，大部分地区均不适宜人类的生存与发展。因此，这一结果，可能会加大灾区重建的阻力。

（2）绝大部分灾民选择就近重建安置

与前一个选项类似，绝大部分灾民均选择就近重建安置。统计显示（见表1-2-2、图1-2-2），70.20%的灾民选择1km范围内安置，12.57%的灾民选择1～2km范围内安置，6.50%的灾民选择2～3km范围内安置，10.73%的灾民选择3km以上范围内安置。实际上，这一结论与原址重建的比例高是相互关联的。

四川省汶川地震灾区重建安置距离统计表 **表 1-2-2**

本村安置时能接受与原址的最远距离	统计数量	比例(%)
1km 以内	497	70.20
1～2km	89	12.57
2～3km	46	6.50
3km 以上	76	10.73

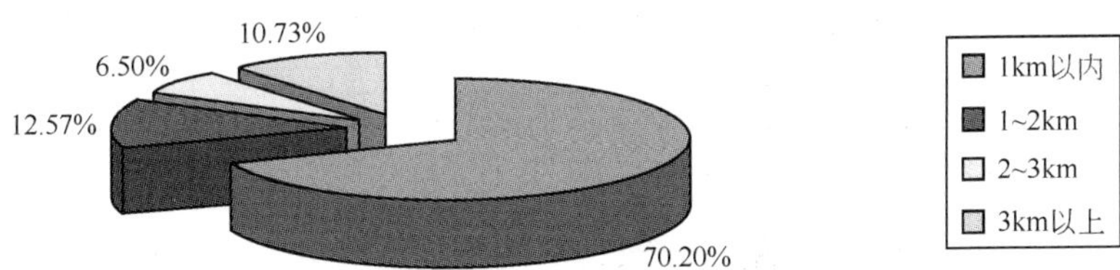

图 1-2-2　四川省汶川地震灾区安置距离结构图

安置距离的选择，主要受到三方面因素的影响：一是故土之情，二是耕作半径，三是自然条件与灾害损失程度。上述选择实际上反映了一、二两种因素影响。农村地区，绝大部分农户仍然是以农业尤其是耕作业为主，受耕作半径的影响，人们往往不愿意离开原居住地太远。

但是，在不同的地形区，人们的选择有差别。其中，高山高原地区与平坝浅丘地区选择 1km 以内的比例最高，而中山峡谷地区比例较低；考虑到绝大部分地区耕作半径一般在 2km 以内，则三个地形区选择比例差别不大，介于 78%（高山高原）～86%（平坝浅丘）。超过 3km 的比例，高山高原地区最高，为 16.81%，而平坝浅丘地区则较低，仅为 10.76%（见表 1-2-3）。

不同地形区人们对安置距离的选择（%） **表 1-2-3**

安置距离	高山高原区	中山峡谷区	平坝浅丘区
1km 以内	72.65	60.69	73.85
1～2km	5.13	19.18	12.31
2～3km	5.41	7.86	3.08
3km 以上	16.81	12.27	10.76

2.2 接受外来灾民安置的意愿分析

地震使得部分村庄完全损毁，大量村民需要异地安置，在进行灾后重建规划时，不可避免地会有一些灾民要安置到其他村镇，成为地震移民。本地灾民，对外来“移民”的接受程度如何，也是本次调研的一个重要方面，通过对数据的汇总得出以下结论：

（1）绝大部分灾民能够接受其他受灾地区群众在本村组安置

统计显示（见图 1-2-3、表 1-2-4），72.12%的村民接受其他受灾地区群众在本村组内安置，但也有 13.74%的受访者不接受其他受灾地区群众在本村组内安置。

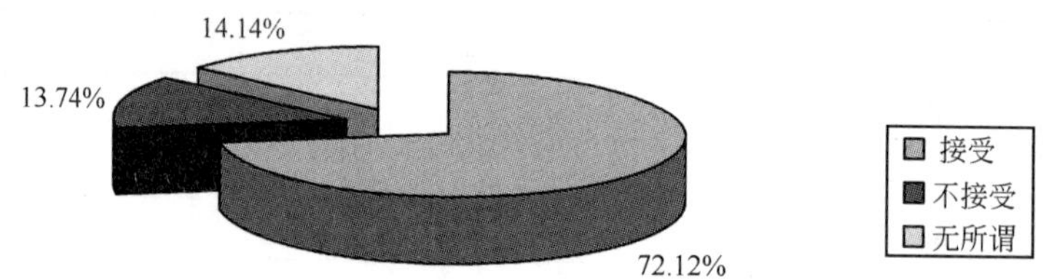

图 1-2-3　四川省汶川地震灾区接受外地灾民意愿结构图

不同类型村庄对外来灾民接受程度差异（%） **表 1-2-4**

从事行业	接受	不接受	无所谓
农业为主村庄	68.53	17.26	14.21
农牧业为主村庄	81.86	9.77	8.37
旅游业为主村庄	42.86	38.10	19.04
工矿业为主村庄	67.70	14.04	18.26

平均有 72.12%的受访者愿意接受其他受灾地区群众安置在本村，其中接受程度最高的是以农牧业为主的少数民族地区，高达 81.86%，反对程度最高的是以旅游业为主的古镇村落，达到 38.10%。接受外地灾民的安置不仅仅只是居住问题，同时还意味着与本地村民利益再分配问题。从 72.12%的受访者愿意接受其他受灾地区群众安置这一数字来看，真实地体现了民族包容性和同舟共济、患难与共的兄弟情谊。但各地的情况不同，对外地灾民的接受程度也有差异，以农牧业为主的少数民族地区（如两河乡）地广人稀，土地资源较为丰富，对外来灾民的安置潜力较大，本地村民的接受程度也较高；而以旅游业为主的古镇村落，资源有限，内部本身就存在很大的竞争，而且重建后旅游业的恢复情况尚令人担忧，对外来灾民的安置很难有积极的响应。

（2）在接受外来灾民意愿中，对灾民源地的要求总体上不高

在不反对外村灾民安置到本村组的情况下，78.90%的村民对灾民来源没有要求。有要求的村民中，18.07%的村民要求外来灾民来自镇（乡）内而村外，2.02%的受访者要求外来灾民来自县（市）内而镇（乡）外，只有 1.01%的受访者要求外来灾民来自县（市）外（见图 1-2-4、表 1-2-5）。这反映出自然灾难淡化了地域观念，大部分村民不排斥外来人口，从而有助于灾区的乡村居民点的重建与归并。古镇村落有三分之一的受访者明确要求外地灾民最好是本镇的，普通村庄也有 29.4%的受访者有着同样的要求。

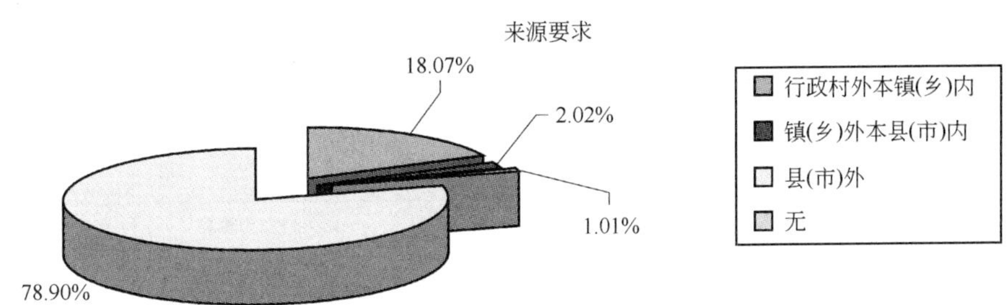

图 1-2-4　四川省汶川地震灾区对外来灾民来源地要求的结构图

四川省汶川地震灾区对外来灾民来源地要求的统计表　　**表 1-2-5**

如果不反对外村灾民安置到本村组，对来源有无要求	统计数量	比例（%）
行政村外本镇（乡）内	125	18.07
镇（乡）外本县（市）内	14	2.02
县（市）外	7	1.01
无	546	78.90

但对不同的地形区而言，平坝浅丘地区对外来灾民的接受程度最高，而且对灾民源地的要求最低；高山高原地区与中山峡谷地区对外来灾民来源地的要求较高，各有近 1/5 的人希望外来灾民是本乡本镇的居民。这可能主要是受地方传统文化与地域观念的影响。不同地形区对外来灾民来源地要求见表 1-2-6。

不同地形区对外来灾民来源地要求的统计表（%）　　**表 1-2-6**

不同地形区	行政村外，本镇（乡）内	镇（乡）外，本县（市）内	县（市）外	无
高山高原区	19.09	0.85	0.85	79.21

续表

不同地形区	行政村外，本镇（乡）内	镇（乡）外，本县（市）内	县（市）外	无
中山峡谷区	17.30	3.46	0.94	78.30
平坝浅丘区	1.54	0.00	1.54	96.92

2.3 受灾程度对村民安置意愿的影响

问卷调查涉及的范围，基本上覆盖了高山高原（小金县）、中山峡谷（什邡、绵竹）及平坝浅丘（都江堰），在地震过程中遭受了不同程度的损失（见表 1-2-7～表 1-2-9），对安置意愿也表现出不同的选择（见表 1-2-10～表 1-2-13）。

调查乡镇地震前后人口变化情况 **表 1-2-7**

地区	人口数		户数	
	震前	震后	震前	震后
小金县两河乡	5025	5025	1436	1436
都江堰市向峨乡	8317	8073	2188	2178
都江堰市青城山泰安古镇	1411	1405	194	194
绵竹县玉泉镇	6174	6160	2096	2096

调查乡镇房屋受损情况 **表 1-2-8**

地区	倒塌		严重破坏		一般破坏		轻微破坏	
	户数	间数	户数	间数	户数	间数	户数	间数
小金县两河乡	262	2096	501	4088	452	3559	189	1476
都江堰市向峨乡	1676	11606	464	3374	5	29	46	200
都江堰市青城山泰安古镇	141	1405	41	502	22	239	0	0
绵竹县玉泉镇	929	4206	863	4279	256	1075	5	23

地震前后农业生产资料损失情况 **表 1-2-9**

地区	原有耕地亩数	灾后还能继续耕作亩数	原有林地亩数	灾后还能继续利用林地亩数
小金县两河乡	797	682	84.9	67.3
德阳市部分统计乡镇	315	101	204	83.3

由于地质地貌条件的差异，在“5·12”汶川大地震中，都江堰市向峨乡、都江堰市青城山泰安古镇和德阳市绵竹县玉泉镇等地损失严重，倒塌和受到严重破坏的房屋占所有受损房屋的比例分别为 98.49%、88.86%和 88.54%；德阳市部分乡镇耕地与林地数量分别减少了 67.93%与 59.17%；阿坝州小金县两河乡倒塌和受到严重破坏的房屋占所有受损房屋的比例为 55.12%，耕地与林地分别减少了 14.42%和 20.73%，损失相对较小。

一般性调查表明，龙门山两侧断裂带主震区乡镇如什邡市红白镇、蓥华镇、湔氐镇、洛水镇一线，绵竹县汉旺镇、九龙镇、尊道镇、广济镇一线，都江堰市向峨乡、汶川县映秀镇等位于山区的乡镇，地质地貌情况复杂，山体移位较为严重。如向峨乡一座山断裂出“一线天”，什邡市蓥华镇鸿达化工厂侧山体整体移位 1m 以上，什邡市红白镇山体大片滑坡等，淹没耕地较多，山林因道路破坏损害较为严重。

调查乡镇居民重建选址意愿统计表 **表 1-2-10**

分类	两河乡		红白镇和玉泉镇		向峨乡		泰安古镇	
	统计数量	比例(%)	统计数量	比例(%)	统计数量	比例(%)	统计数量	比例(%)
原址重建	203	94.42	230	79.04	129	74.14	15	93.75
村外乡镇内重建	10	4.65	26	8.94	45	25.864	1	6.25
乡镇外县内重建	0	0	14	4.81	0	0	0	
县外省内重建	0	0	4	1.37	0	0	0	
省外重建	1	0.47	3	1.03	0	0	0	
省内城镇化安置	1	0.47	14	4.81	0	0	0	

注：向峨乡有 22 户村民想在同村内换他处建房，1 户听从安排，比例为 11.68%；泰安古镇有 5 户村民想在同村内换他处建房，比例为 19%。

耕地与林地是农民最根本的农业生产资料，其数量直接决定了当地居民安置方式的选择，两河乡耕地与林地损失相对较小，居民对重建选址的选择以原址重建为主；而德阳市部分统计乡镇和走访普通调查乡镇的耕地与林地有了很大的损失，这也决定了当地居民在灾后选址时放弃了曾经肥沃的土地，转而到其他地方重建家园。

两河乡和泰安古镇居民在选择房屋重建的位置时，有 94.42%和 93.75%选择了原址重建，红白镇和玉泉镇选择原址重建的比例也达到了 79.04%，而向峨乡的居民只有 74.14%选择在原址重建。表现出明显的灾害损失越大，越希望异地重建；损失越小，原址重建的意愿越高等规律。

填表时发现，震损严重的山区农民，如红白镇、向峨乡、蓥华镇等，在问及安置意愿时很多人选择“听从政府安排”，甚至存在如向峨乡无法填写表格的情况。

本村安置时能接受与原址的最远距离统计表 **表 1-2-11**

距离	两河乡		红白镇和玉泉镇		向峨乡		泰安古镇	
	统计数量	比例(%)	统计数量	比例(%)	统计数量	比例(%)	统计数量	比例(%)
1km 以内	179	87.32	201	70.53	105	53.30	12	57.14
1～2km	10	4.88	22	7.72	56	28.43	1	4.76
2～3km	8	3.90	15	5.26	21	10.66	2	9.52
3km 以上	8	3.90	47	16.49	15	7.61	6	28.57

与重建选址相对应，两河乡在距原址 1km 以内的比例最高，而损失最严重的向峨乡的比例最低，泰安古镇也较低，红白镇与玉泉镇介于二者之间。表现出损失越大，远迁的意愿越高，反之亦然。

接受其他受灾地区群众程度统计表　　表 1-2-12

接受方式	两河乡		红白镇和玉泉镇		向峨乡		泰安古镇	
	统计数量	比例(%)	统计数量	比例(%)	统计数量	比例(%)	统计数量	比例(%)
接受	176	81.86	205	69.49	135	68.53	9	42.85
不接受	21	9.77	37	12.54	34	17.26	8	38.09
无所谓	18	8.37	53	17.97	28	14.21	4	19.06

对接受外来灾民来源地要求的统计表　　表 1-2-13

区域	两河乡		红白镇和玉泉镇		向峨乡		泰安古镇	
	统计数量	比例(%)	统计数量	比例(%)	统计数量	比例(%)	统计数量	比例(%)
行政村外,本镇(乡)内	39	18.84	21	7.02	58	29.44	7	33.33
镇乡外,本县(市)内	2	0.97	4	1.34	8	4.06	1	4.76
县(市)外	3	1.45	2	0.67	1	0.51	0	
无	163	78.74	272	90.97	130	65.99	13	61.91

对待外来灾民的态度也受到损失程度的影响。从总体上看，大部分村民不反对外村灾民安置到本村组，而且对外村灾民的来源大多数没有要求，但也存在区域差别。损失相对较轻的两河乡对外来灾民的接受程度最高，对外来灾民的来源地的要求也相对较低；相反，损失较重的红白镇、向峨乡与泰安古镇对外来灾民的接受程度相对较低，而且要求外来灾民是本镇的比例也明显高于两河乡。调查呈现出村庄损失越大，对外来灾民的接受程度越低，村庄损失越小，对外来灾民的接受程度越高的规律性。

2.4 相关政策建议

根据上述分析，绝大部分灾民希望能够原址重建、就近重建；对外来灾民的接受程度也较高，对外来灾民的来源地要求相对较低。但也会受到受灾程度的影响，灾害损失越大，更愿意异地选址重建，可接受的距离也相对较远，对外来灾民的接受程度低，对外来灾民的来源地的要求也越高；反之亦然。因此，在震区重建与灾民安置过程中应注意以下几方面：

一是充分尊重居民的意愿，在地质等条件允许的情况下，尽可能在原址重建。

二是当居民不得不外迁时，尽可能让他们接近原有的居住地，科学地协调居住与生产、生活之间的关系，既要保障居住的安全，又要方便生产。

三是加强宣传教育，增强灾民对安置重建与接受外来灾民工作的理解，保证灾区重建工作的顺利进行。

四是充分利用灾区重建的机会，科学论证各地区的生态环境承载能力与敏感程度，将重建与保护生态环境有机地结合起来。

第3章　政府补助方式与自身能力调查分析

本次调查中涉及受灾农民安置所期望的政府补助方式与自身能力的调查共设置了四个问题：希望重建时得到的政府补助方式、能否接受小额贷款方式筹措部分建房资金、往常情况下建房花费的土建费用、家庭能够自筹的修缮或重建住房资金。从问卷总体情况分析，选择由政府统一建房、接受小额贷款、以往建房费用在4万元以上、能够自筹的修缮或重建住房资金在0.5万元以下的占绝大多数，分别达到样本量的71.74%、52.14%、70.37%、74.59%。深入的分析发现，受访者的安置期望和自身能力的选择受所在地区、地貌、乡镇及安置区位、安置面积需求等诸多因素的影响，存在明显的差异，对灾后政策的制定提出了不同的要求。

3.1　建房资助方式选择的倾向分析

3.1.1　政府统一建房最受欢迎

从总体情况分析，选择政府统一建房的比例高达71.74%，选择由政府提供现金支持的占到23.87%，选择由政府提供建筑材料的仅占到4.39%，见图1-3-1。

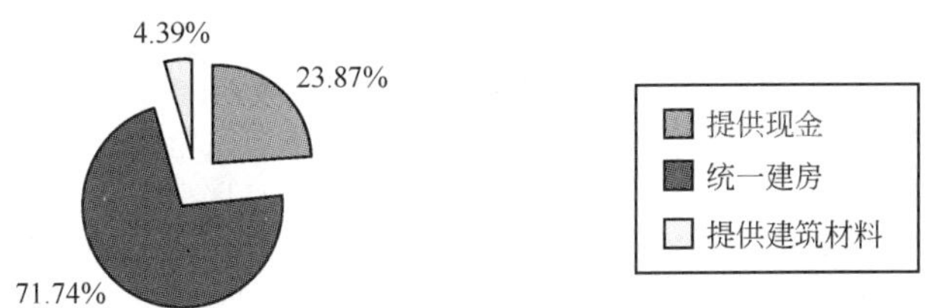

图1-3-1　受访者建房对政府资助方式选择的统计图

3.1.2　受访者对政府资助方式的选择存在明显地区差异

当具体到不同区域时，尽管仍保持了总体上统一建房→提供现金→提供建筑材料的优先顺序，却存在明显的地区差异。

（1）成都、德阳受访者选择统一建房比例高出阿坝近40个百分点

首先，从市（州）的层面分析，成都和德阳的受访者选择由政府统一建房的比例高达81.0%、83.2%，而阿坝州的受访者选择由政府统一建房的比例仅为45.7%。与之同时，阿坝州的受访者选择由政府提供现金的比例高达43.3%，远高于成都、德阳仅17.6%和14.9%的同一选项结果。阿坝州的受访者选择由政府提供建筑材料的比例也高达11.0%，远高于成都和德阳对同一选项的选择结果，见图1-3-2。

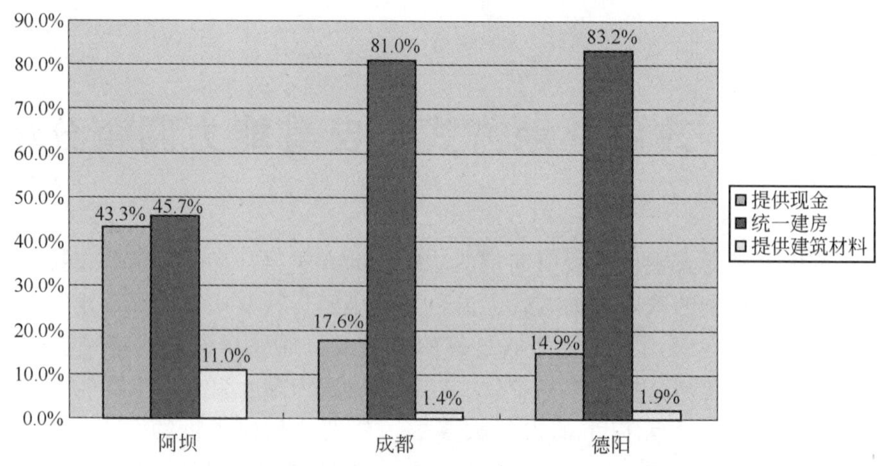

图 1-3-2　三市（州）受访者建房对政府资助方式的选择差异图

为探讨区域差异出现的原因，我们分不同地形、不同乡镇、不同村落进行了统计。结果发现，多个因素影响到受访者对政府补助方式的选择。

（2）不同地貌区受访者对政府资助方式的选择有明显差异

首先，地形地貌的影响明显，在高山高原地区和平坝浅丘地区，受访者选择由政府统一建房的比例相对较低，选择由政府提供现金、提供建筑材料的比例则相对高些，见图 1-3-3。由于在阿坝州进行调查的两河乡地形以高山高原地区为主，成都和德阳的样本则以中山峡谷地区为主，可以部分解释前述出现的地区差异。

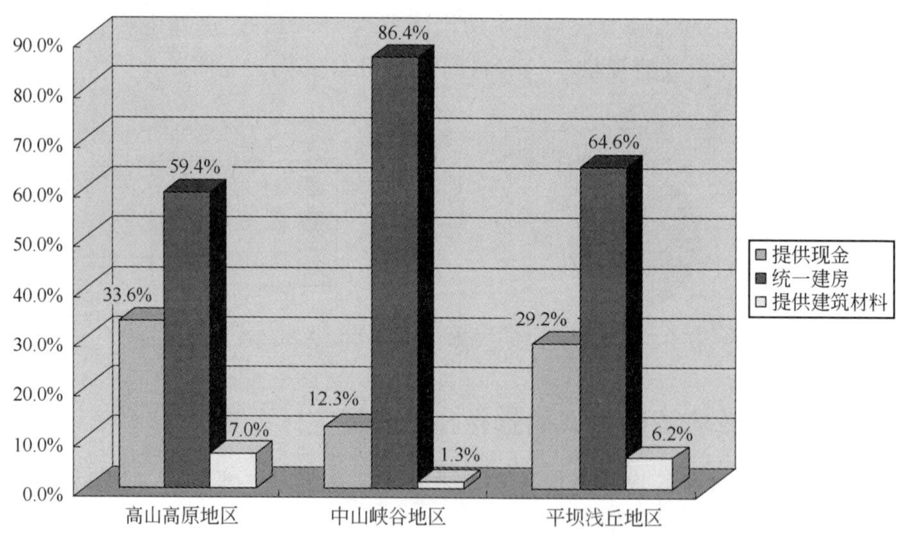

图 1-3-3　不同地貌条件下受访者建房对政府资助方式的选择差异图

（3）不同乡镇、不同村落受访者对政府资助方式选择存在巨大的差异

在以乡镇为单元进行分析时发现，德阳的两个乡镇尽管表现出了一致的趋势，但红白镇选择由政府统一建房的比例高于玉泉镇近 22 个百分点，选择政府现金支持的则低近 20 个百分点；成都的青城山镇与向峨乡则表现出巨大的差异，前者选择现金支持的占 71.4%，而后者选择由政府统一建房的占 87.2%。再进一步深入到以村庄为单元的分析

时发现，成都的向峨乡、德阳的玉泉镇、德阳的红白镇内部所有村落表现出了一致的特征，而阿坝的两河乡调查的几个村落中则存在明显调查差异：9个受访村落中有5个村子选择由政府统一建房的比例超过50%，个别村落甚至达到80%以上，30%以下的受访者选择由政府提供现金支持，其余4个村落则40%以上的受访者选择由政府提供现金支持。对比分析这些对政府资助方式选择较为一致的村庄，发现其所在地市、地形、安置方式和位置、建房面积的选择等都有各异的特征，因此可以判定，造成这些差异的原因可能与区位所决定的社会经济发展状态有比较大的关系，并且是多因素综合影响的结果，见图1-3-4。

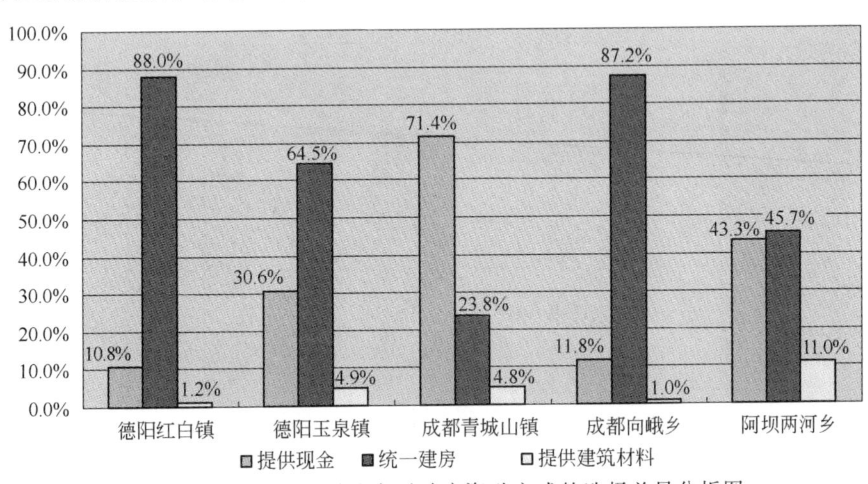

图1-3-4 不同乡镇受访者对政府资助方式的选择差异分析图

3.1.3 原址重建受访者选择政府统一建房比例最低、选择现金资助比例最高

选择不同安置方式的受访者对政府资助方式的选择也存在比较大的差异，见图1-3-5。选择原址重建的受访者只有67.91%要求政府统一建房，在不同安置位置类型中该比例最低，选择省外重建的居民100%要求政府统一建房；选择原址重建的受访者中选择政府现金资助的比例也是最高的，并是唯一一类选择由政府提供建筑材料的安置方式。

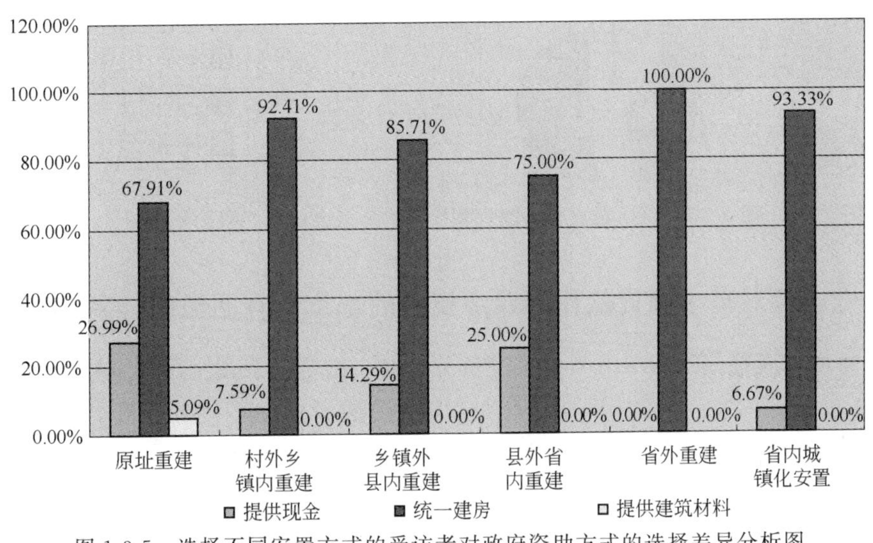

图1-3-5 选择不同安置方式的受访者对政府资助方式的选择差异分析图

3.1.4 自筹资金能力越强的受访者越倾向于选择现金资助方式

由图 1-3-6 可以看出，不同的自筹资金额度下，选择的政府资助方式是不一样的。自筹资金 0.5 万元以下的农户对政府现金支持建房的选择比例最低，只有 19.78%，却对政府统一建房选择比例最高，达到 75.79%；随着农户自身筹集资金能力的提高，选择由政府提供现金支持的比例也在提高，当自筹资金能达到 2 万元以上时，46.67%的受访者选择由政府提供现金支持，而选择政府统一建房的比例则降到了最低，仅 53.33%。

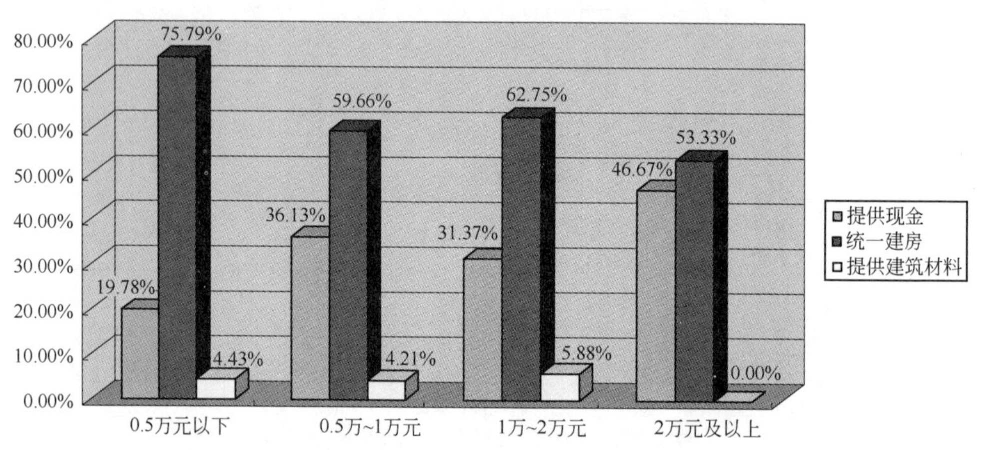

图 1-3-6 不同自筹建房资金额度下对待政府资助方式的差异分析图

3.2 受访者对待小额贷款方式筹措建房资金的态度

从调查总体数据（见图 1-3-7）分析，52.14%的受访者接受以小额贷款的方式筹措建房资金，38.76%的受访者不接受，9.10%的人选择无所谓。

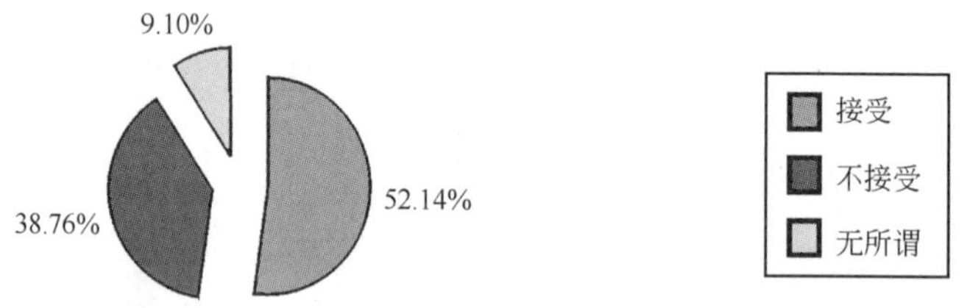

图 1-3-7 受访农户对小额贷款作为建房资金的接受程度分析图

3.2.1 受访者对待小额贷款作为建房资金的态度存在明显的分乡镇差异

当以阿坝、成都、德阳三市为单位进行分析时，统计结果发生了明显的变化：阿坝州的农户 88.9%选择接受小额贷款，仅有 8.7%的受访者选择不接受，极少数人表示无所谓；成都和德阳的农户不接受小额贷款的都在 50%以上，不足 40%的农户表示接受小额贷款作为建房资金，见图 1-3-8 和图 1-3-9。

当进一步以乡镇为单元进行数据分析时发现，德阳内部的两个乡镇、成都内部的两个

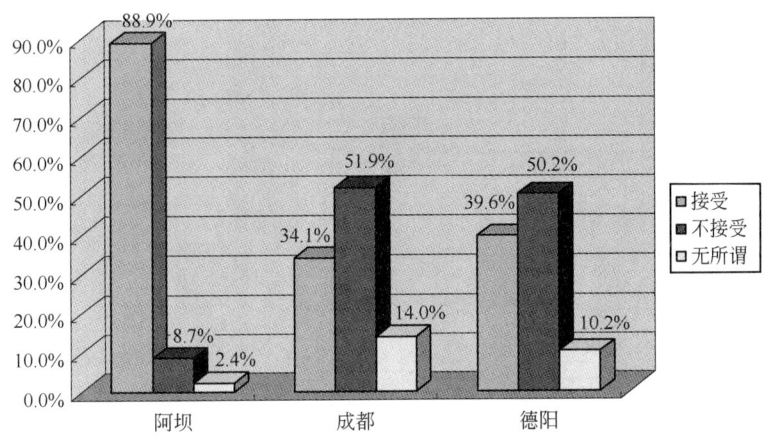

图 1-3-8 不同地区受访者对小额贷款的态度差异

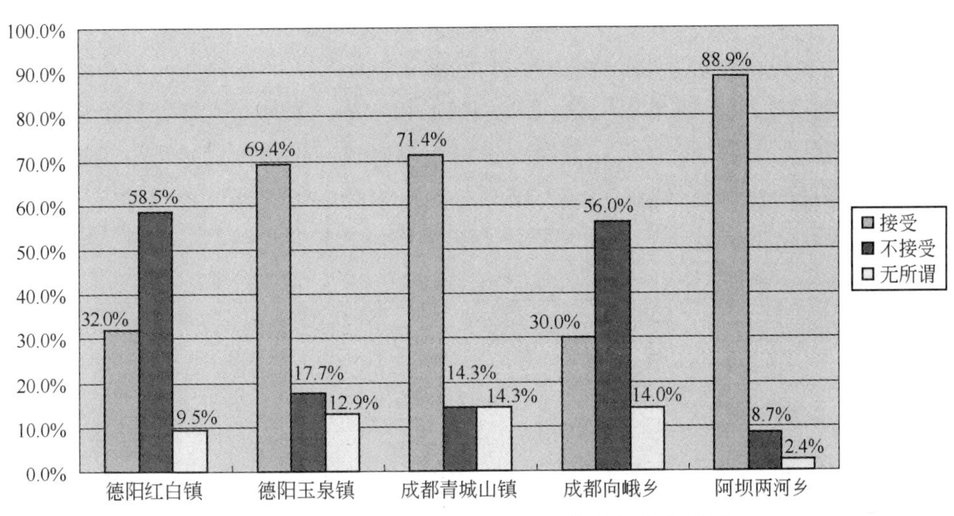

图 1-3-9 不同乡镇受访者对小额贷款的态度差异

乡镇都表现出相悖的规律，两市各有一个乡镇接受小额贷款作为建房资金的比例达到70%左右，也各有一个乡镇不接受小额贷款的比例达到56%以上。再深入到乡镇内部的村庄之间进行比较时发现，阿坝两河乡各村落受访者对待小额贷款的态度基本一致，除科牛村稍低外，其余村落选择接受小额贷款比例均在85%以上；成都、德阳不同乡镇内部的不同村落对待小额贷款的态度都与乡镇总体上保持了一致的特征。因此，受访者建房对待小额贷款的态度更多地表现出镇域的差异。

3.2.2 中山峡谷地区受访者对小额贷款的接受程度远低于其他地区

为进一步分析产生地区差异的原因，我们先对不同地貌类型区的受访者对待小额贷款的态度进行了分析。结果发现，在高山高原地区和平坝浅丘地区受访者的选择表现出类似的特征：接受小额贷款者占65%左右，不接受者占25%～30%；而在中山峡谷地区，不接受者接近50%，接受者仅35.7%，见图1-3-10。

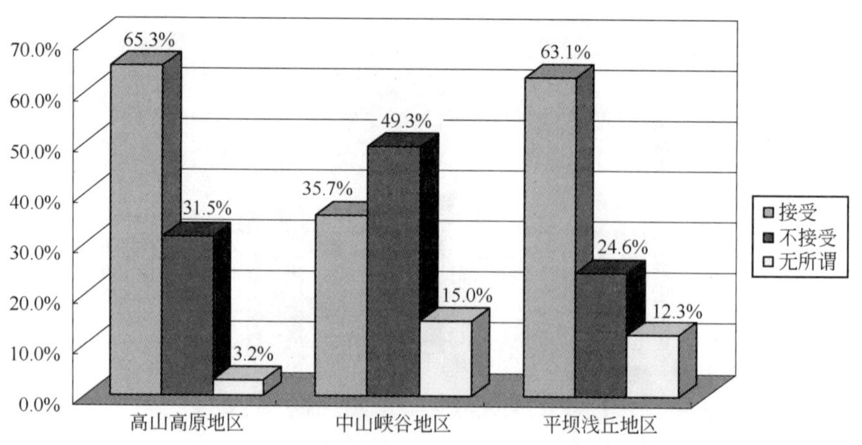

图 1-3-10　不同地貌条件下受访者对待小额贷款的态度

3.2.3　选择不同资助方式的受访者对待小额贷款的态度迥异

从图 1-3-11 可以看出，选择由政府提供现金、提供建筑材料资助的农户接受贷款的比例较高，分别达到 74.71％和 71.88％；选择由政府统一建房方式进行资助的受访者接受贷款的比例最低，仅占 31.48％；同时，选择由政府统一建房方式进行资助的受访者对贷款持无所谓态度的比例也最高，达 52.65％。这应该是由于选择该种资助方式的受访者认为在政府统一建房的方式下，自身建房的资金需求可能较小的缘故。

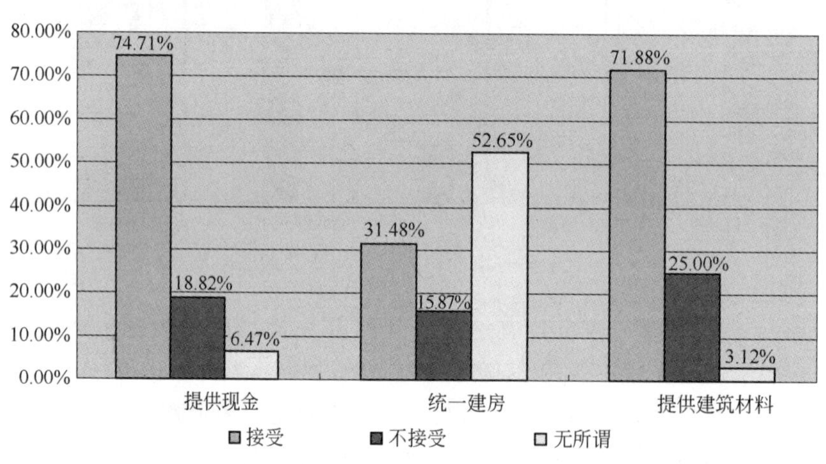

图 1-3-11　选择不同资助方式的受访者对待小额贷款作为建房资金的态度

3.2.4　选择住房面积越大、自筹资金能力越强的受访者越能接受小额贷款

从图 1-3-12 可以看出，选择住房的面积越大，接受小额贷款作为建房资金的比例越高，不接受、无所谓的比例则随之降低。

从图 1-3-13 中可以看出：在对选择不同筹资能力的受访者进行分析时发现，选择自筹资金能力在 0.5 万元以下的受访者接受小额贷款作为建房资金的比例最低，仅占 46.30％，不接受小额贷款的比例最高，达到 44.63％；随着选择的自筹资金能力的提高，

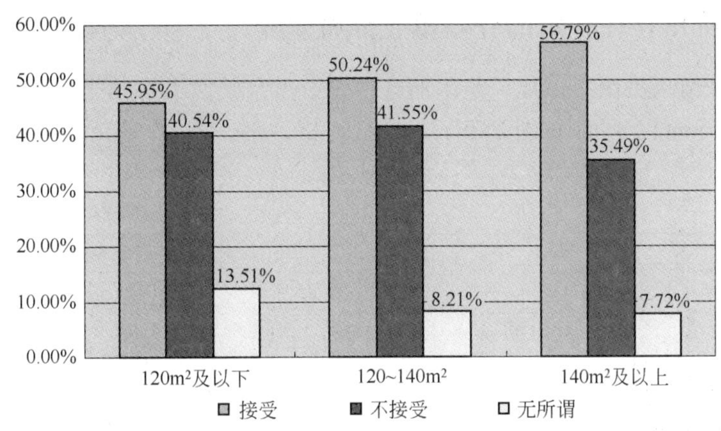

图 1-3-12　选择不同建房面积的受访者对待小额贷款作为建房资金的态度

对小额贷款的接受比例也在提高，不接受的比例则持续下降，选择能够自筹 2 万元以上建房资金的受访者接受小额贷款的比例达到 73.34%，不接受小额贷款的受访者比例则降到 13.33%。

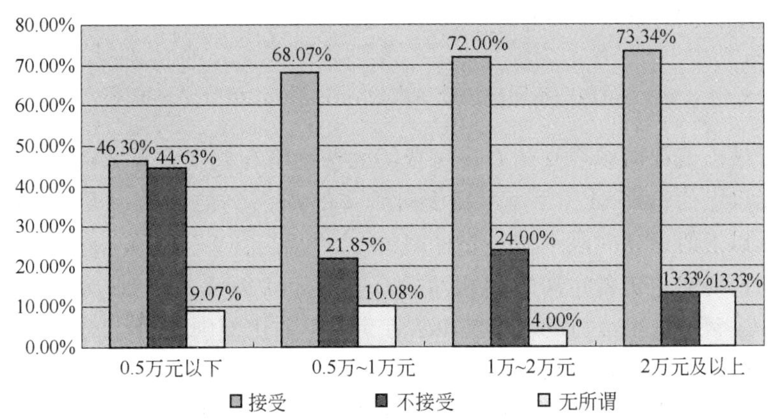

图 1-3-13　选择不同自筹资金能力的受访者对待小额贷款作为建房资金的态度

3.3　受访者以往建房费用分析

总体上看，建房费用普遍较高，受访者中以往建房费用在 4 万元以上的占 70.37%，2 万元以下的仅占 5.76%，其余为 2 万～4 万元之间。见图 1-3-14。

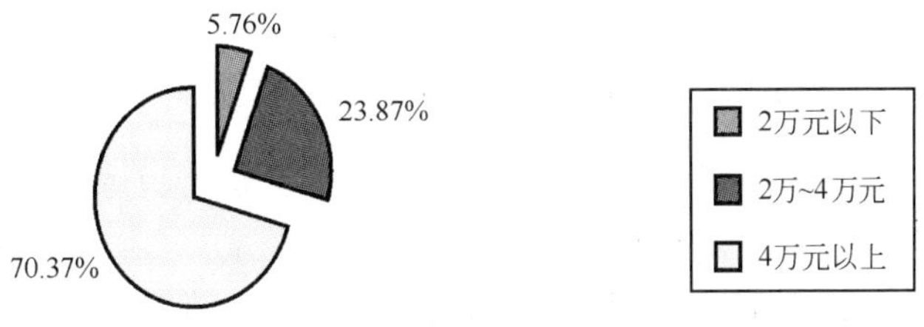

图 1-3-14　受访者以往建房费用分析图

3.3.1 建房费用存在一定的分乡镇、分村差异

分乡镇统计结果见图 1-3-15。德阳的红白镇、玉泉镇两个乡镇受访者建房成本选项基本一致，在 4 万元以上的分别达到 88.0%和 86.9%，在 2 万元以下的则仅为 1.2%和 4.9%。

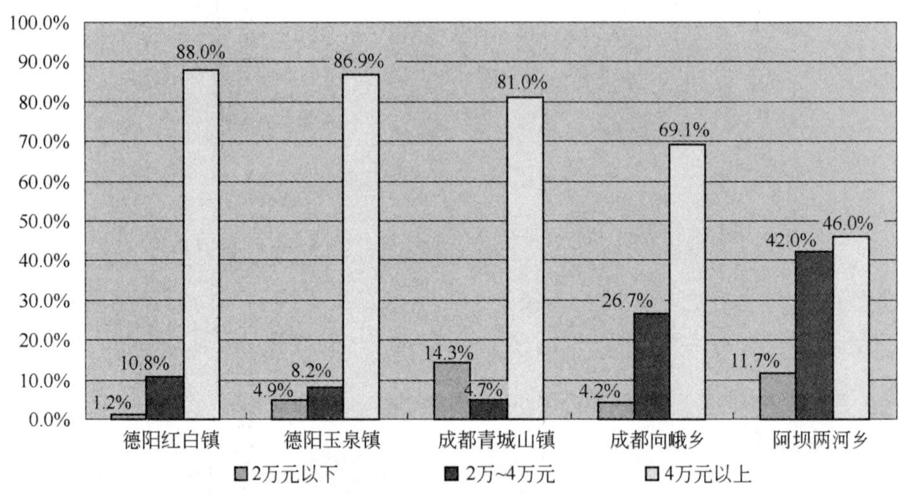

图 1-3-15　不同乡镇受访农户以往建房费用对比分析图

成都的青城山镇和向峨乡受访者建房费用的选择略有差别，青城山镇受访者选择建房费用在 4 万元以上的达到 81.0%，远高于向峨乡的 69.1%的比例，青城山镇受访者建房费用在 2 万元以下的也比向峨乡同一指标高约 10 个百分点。

阿坝州的两河乡受访者建房费用相对较低，高于 4 万元的占到 46.0%，远低于德阳和成都的四个乡镇，选择 2 万～4 万元和 2 万元以下的比例则达到 42.3%、11.7%，明显高出其他两市四镇的同一统计指标。

再进一步，以村为单元来看，德阳的玉泉镇、红白镇各村表现出完全一致的特点，以往建房费用在 4 万元以上的普遍占到 80%以上，仅有一个村低于 80%，建房费用在 2 万元以下的几乎没有；阿坝的两河乡内部各村则出现一定的差异性，受访者选择建房费用在 4 万元以上超过 80%、60%的分别只有两个村，4 个村受访者建房费用在 4 万元以上的不足 30%，除个别例外，以往建房费用在 2 万元以下的在 10%～20%之间；成都的向峨乡各村介于前述两市之间，除个别村落例外，以往建房费用在 4 万元以上的比例在 60%～70%之间，以往建房费用在 2 万元以下的则在 10%以下（许多村落受访者中选择以往建房费用在 2 万元以下的比例为零）。

3.3.2 高山高原地区受访者以往建房费用相对最低

从不同地貌区来看（见图 1-3-16），高山高原地区受访者以往建房费用相对最低，选择 4 万元以上的仅占 61.1%，选择在 2 万～4 万元的占 30.9%，选择在 2 万元以下的占 8.0%；平坝浅丘地区受访者以往建房费用最高，选择在 4 万元以上的占到 84.6%，选择在 2 万元以下的仅占 4.6%。

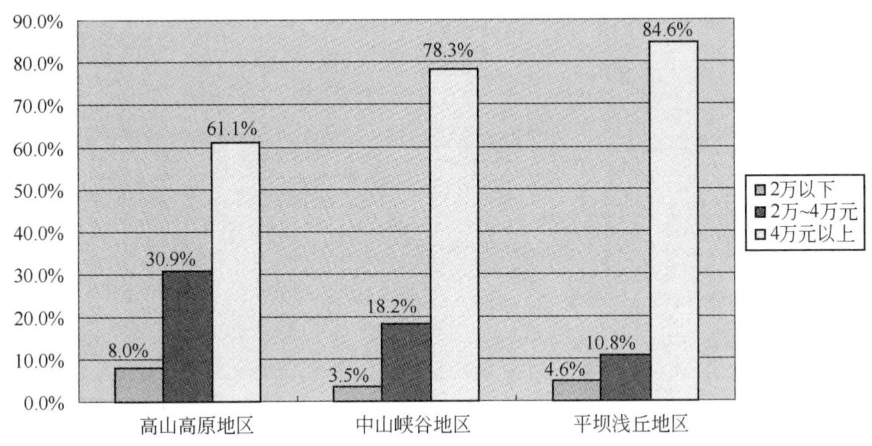

图 1-3-16　不同地貌区受访农户以往建房费用对比分析图

3.4　受访者自筹建房资金能力分析

绝大多数（74.59%）受访者选择能自筹的资金在0.5万元以下，选择能自筹1万元以上的受访农户仅占不到10%的比例（见图1-3-17）。分析出现这种结果的原因，一方面肯定有群众受灾后财产损失严重带来的影响，另一方面也不排除中国传统文化中“不露富”的心态，甚至有少部分灾民存在等、靠、要等依赖心理及自筹资金积极性不高等原因。

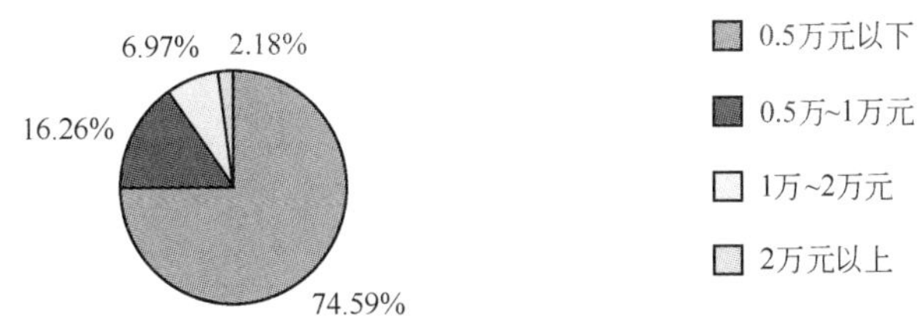

图 1-3-17　受访农户选择的自筹建房资金的能力分析图

3.4.1　不同区域受访者自筹资金能力总体格局一致、比例大小有异

分乡镇来看，各乡镇表现出与总体自筹资金能力一致的格局，见图1-3-18，但各选项比例高低有明显差异。其中，德阳的两个乡镇受访者选择的自筹数额占比基本一致，选择能自筹0.5万元以下的分别占83.8%和82.3%，选择2万元以上的则分别仅占到0.8%和3.2%；成都的青城山镇和阿坝州的两河乡表现出类似的格局，选择能自筹资金在0.5万元以下的相对低些，分别为61.9%和62.3%，选择能自筹资金0.5万～1万元的分别占23.8%和26.5%，选择1万～2万元的比例也较接近，分别为9.5%和8.4%；成都的向峨乡与青城山镇不完全一致，选择能自筹资金0.5万元以下的比例相差近14个百分点，选择1万元以上的比例相差约6个百分点，见图1-5-18。

以村庄为单元进行分析发现：德阳的红白、玉泉两个乡镇内部各村庄受访者的选择表

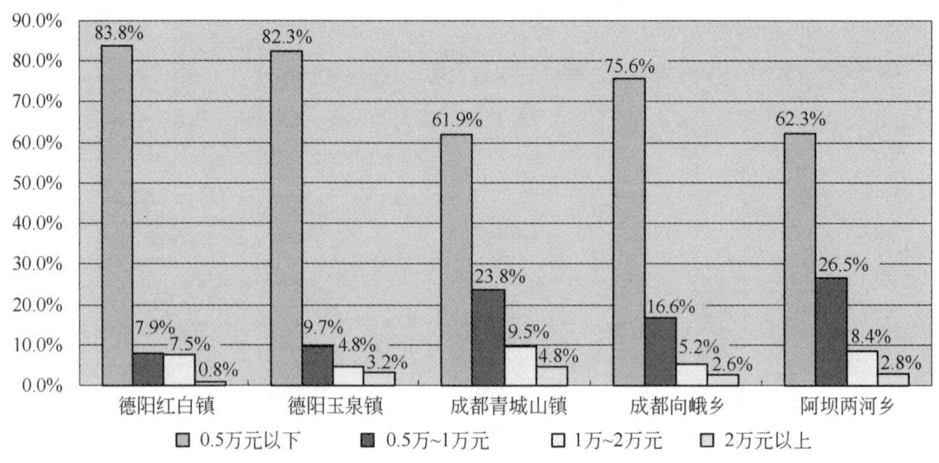

图 1-3-18　分乡镇受访者选择的自筹建房资金能力对比分析图

现出一致的格局，选择能够自筹资金 0.5 万元以下的比例基本都在 80%以上，选择 2 万元以上的则在 5%以下；成都的向峨乡、玉泉镇各村落受访者的选择也与全镇整体格局一致；阿坝州的两河乡各村落受访者的选择随不同村落有明显的差异，尽管选择 0.5 万元以下的占比总体上在 60%～75%之间，但少数村落差异较大，其中彭坝、油房两村选择 0.5 万元以下的仅占 11.11%和 42.86%，油房村选择 2 万元以上的占到 10.71%，是所有受访村落中选择 2 万元以上比例最高的村子。

3.4.2　选择乡镇以外安置的受访者选择的自筹资金能力都在万元以下

对选择不同安置位置的受访者的对比分析发现，选择原址重建的受访者中选择能自筹资金在 0.5 万元以下比例最低，达到 73.22%，且自筹资金 1 万元以上的达到 10.34%；而选择乡镇外县内重建、县外省内重建、省外重建、省内城镇化安置的所有农户中，选择能自筹资金能力在 1 万元以上的为零，见图 1-3-19。

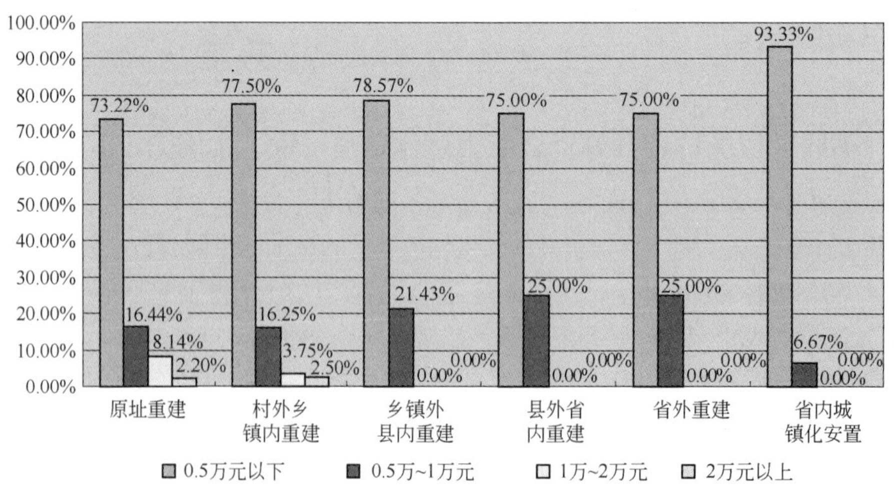

图 1-3-19　选择不同安置位置的受访者自筹建房资金能力对比分析图

3.5 相关政策建议

（1）各项资助政策应以乡镇为单位区别设计，避免“一刀切”

从调查结果看，无论是对资助方式的选择、对待小额贷款的态度，还是自筹资金的能力、以往建房的费用等，都存在以乡镇为单位的明显差异，同属一市的不同乡镇之间甚至出现相悖的格局（如同处成都都江堰的泰安古镇和向峨乡对待资助方式的不同选择，前者由于长期发展旅游、村民见多识广，希望政府提供现金资助、接受小额贷款的比例都在70%以上，而向峨乡希望政府统一建房的比例高达80%，同时不接受小额贷款的比例多在50%以上），同一乡镇内部不同村子则存在大体一致的选择格局。因此，各项政策的设计和实施应以乡镇为单位，避免在“市”的层面甚至更大的层面“一刀切”。

从调查到的乡镇的情况来看，由于影响受访者选择的因素众多，调查的乡镇总量又较少，很难断定究竟会有多大的差异。因此，在针对不同乡镇制定有关差异化的资助政策时，要加强进一步的调查研究，以便更有针对性。

尽管可以以乡镇为单位设计有关政策，但需要注意到，灾后重建面临的形势是极为复杂的，同一村落的不同灾民往往对政府资助的方式有不同的选择。因此，在政策制定和实施过程中一定要注意到这些差异，给灾民提供多重选择，留有足够的弹性。

（2）资助方式应以政府统一建房为主，兼顾不同群众的差异化需求

调查结果显示，大多数乡镇受访者中希望政府统一建房的比例都占绝对优势，根据访谈记录分析，原因主要在于：灾区群众目前难以找到建房工人、对地方建筑工人技术的不信任、自身组织建房难度偏大等。因此，政府应尽可能听取群众的呼声、满足群众的需求，大力组织统一建房，解百姓燃眉之急。

但同时需要注意的是，也有相当一部分受访者选择接受现金支持的方式，尤其是选择原址重建、自身资金筹集能力较强的一些受访者，因此应该增加政策设计的弹性，给不同的群众以选择的自由。

（3）小额贷款的发放应向相对发达区域倾斜，并充分考虑可能遇到的难题

总体上看，受访者对小额贷款作为建房资金的态度以接受为主，但区域差异、个体差异极为明显，同处一市的不同乡镇受访者中出现截然不同的统计结果，希望政府提供统一建房支持的受访者对小额贷款接受的比例偏低，面积越大、资金筹集能力越高的受访者越能接受小额贷款建房。因此，小额贷款的发放应向经济相对发达区域倾斜。

根据各地经验，灾后针对受访者小额贷款发放容易出现的弊端就是贷款回收难的问题，原因在于期限设计不合理、个别农户信用缺失、行政过度干预、受访者误把贷款当作救济款等。因此，针对建房小额贷款的政策设计不仅要考虑到前述的区域差异、个体差异，还要充分考虑到贷款后期回收可能遇到的问题，做好充分的预防措施。

（4）政府建房资金的投入量和投入方式应有利于调动灾民的积极性

受访者中绝大多数居民以往的建房费用选择在4万元以上，同时，绝大多数受访者选择能筹集的建房资金在0.5万元以下，这些选项存在明显的地区差异。由此反映出两个问题：第一，要达到灾民以往的居住水平，需要投入的资金量是巨大的；第二，受访者对于

政府在建房资金的投入上有比较高的期望值，自身投入的积极性则不高。因此，政府在统筹安排建房资金时，一方面要充分估计到巨大的资金需求量；另一方面要在考虑到公平性的同时，兼顾区域的差异性；第三个方面就是要科学设计资金投入的方式，克服群众对政府的等、靠、要等依赖心理，充分调动灾民自力更生的积极性。

第 4 章　灾后农村重建组织方式调查分析

灾后重建是一个系统工程，包括土建、环境、经济、农业、社会、心理等视角和维度，本章主要从与灾后重建相关的社会因素着手，分析受灾农民灾后重建的主动性，信任的力量，以及农民灾后重建意愿的差异因素分析。

四川省汶川地震灾后重建，农民对家园建设的组织方式有何意愿是政府部门需要高度关注的重要问题之一。为了更客观、准确地把握农民的真实意愿和想法，本次农村灾后重建农民意愿调查问卷专门设置了一个专项四个问题来了解这一信息。涉及灾后农村住房重建组织方式的专项调查的四个问题具体如下：

第一，您希望的住房重建建设方式，设置的两个选项分别为自建、政府统一组织建设；

第二，重建时是否需要政府提供农房重建的标准规范、示范图集，共有三个选项，分别为需要、不需要、可有可无；

第三，修缮或重建房屋时是否希望得到专业技术人员的现场指导，设置的三个选项分别为需要、不需要、无所谓；

第四，修缮或重建房屋时希望的施工人员组成方式，共有三个选项，分别是技术人员指导自己家人或朋友、本地工匠、政府指派的施工队。

4.1　农民灾后重建的主动性与依赖性

弗兰西斯·福山认为，社会团体中人们之间的彼此信任是社会资本，可能蕴涵着比物质资本和人力资本更大且更有效的价值，信任是社会资本核心内容。这里重点分析灾后重建的信任程度，重点分析受灾群众在灾后重建意愿调查中对政府的信任程度。

2008 年 5 月 12 日汶川地震发生后，政府和社会各界全力以赴抗震救灾，强大的政府和社会力量在这个救灾过程中发挥了重要和主导作用。但政府的强势很可能形成一种惯性，受灾群众也可能形成一种依赖，等待政府来帮助自己，滋生“等、靠、要”的消极思想。调研中发现，部分受灾农民采取消极观望态度，一切等政府和外援，对自己丧失信心，依赖心理较强。

4.1.1　约一半以上受灾农民愿意承担灾后重建的部分经济压力

从表 1-4-1 看出，有 52.14％的受灾农民以接受小额贷款方式筹措部分建房资金，意味着自己承担灾后重建建房资金的部分责任，38.76％的受灾农民不接受小额贷款筹措部分建房资金，9.10％的受灾农民持无所谓态度。小额贷款是灾后重建资金来源，需要贷款人在一定时间偿还贷款，需发挥贷款人主动性和能力。通过调查数据可以看出，约一半以上的受灾农民愿意承担灾后重建的部分经济压力，约40%的受灾农民不愿或不接受这种压力或资金筹措形式，间接反映出存在的依赖性。

接受小额贷款方式筹措部分建房资金情况统计表　　表 1-4-1

接受方式	户数	百分比(%)
接受	378	52.14
不接受	281	38.76
无所谓	66	9.10

4.1.2 家庭能够自筹修缮或重建住房资金的能力及意愿明显不足

表1-4-2主要询问家庭能够自筹修缮或重建住房资金情况，74.59%的受灾农民认为只能够承受5000元以下建房资金，16.26%的受灾农民可以承担0.5万～1万元，9.15%的受灾农民可承担1万元以上重建资金。此结果可从两个角度解读：一是受灾农民本身经济条件较差，损失严重，可用于重建的积蓄确实很少；二是部分受灾农民对政府有高度依赖性，从经济理性出发，低报自己自筹重建房屋资金的能力，以期获得更高补助和支援。需要对调查数据全面解读。

家庭能够自筹的修缮或重建住房资金情况统计表　　表 1-4-2

金额	户数	百分比(%)
5000元以下	546	74.59
0.5万～1万元	119	16.26
1万～2万元	51	6.97
2万元以上	16	2.18

4.1.3 对政府统一组织建设住房具有超强的依赖性

本次调查中，将灾后住房重建主要分为两种方式：一种是自建；一种是政府统一组织建设。不管是自建，还是政府统一组织建设，政府都会在资金上给予一定资助。这里主要考察房屋建设方式，前者强调发挥受灾农民的主动性，受灾农民为主，政府辅助。后者是政府统一组织，政府主导，受灾农民辅助。两种方式选择可说明受灾农民灾后重建的主动性或依赖性状况。

从表1-4-3数据中可看出，22.98%的受灾农民具有较强的主动性，愿意选择自建住房的建设方式，意识到自己是灾后重建主体，发挥其主动性。需要指出的是，其余77.02%的受灾农民并不一定都想依赖政府，可能部分出于对政府技术和条件的信任考虑，认为政府统一组织建设可建设得更牢固，质量有保证；但也可肯定有很大部分受灾农民出于依赖思想，具有较强的依赖性。至于77.02%的灾民中有多少比例主要是依赖，多少比例主要是自己能自建但更信任政府，具体比例由于数据限制无法进一步分析。

希望的住房建设方式统计表　　表 1-4-3

建设方式	户数	百分比(%)
自建	168	22.98
政府统一组织建设	563	77.02

表 1-4-4 中在修缮或重建房屋时希望的施工人员组成方式上，74.52%的受灾农民希望政府指派施工队，25.48%的受灾农民希望技术人员指导自己家人或朋友，或由本地工匠来重建房屋，这里的比例和表 1-4-3 中自建比例接近，在一定程度上佐证了上述观点，即 1/4 的受灾农民具有较强的主动性。

修缮或重建房屋时希望的施工人员组成方式　　表 1-4-4

建设群体	户数	百分比(%)
技术人员指导自己家人或朋友	87	11.92
本地工匠	99	13.56
政府指派的施工队伍	544	74.52

主动性和依赖性是一对可以相互转化的力量，此消彼长。我们可以借助“推—拉”思路来思考如何增强受灾农民的主动性。首先通过各种宣传，及时让受灾农民意识到“自力更生”才是灾后重建根本，依赖思想是消极的；其次制定相应政策鼓励“自力更生”；第三在制定灾后重建规划中，不要怕麻烦，或不相信受灾农民水平能力，而应充分发动群众，使之更多参与到灾后重建方案的规划和建设中来。

4.2 农民对政府的依赖性情况分析

4.2.1 多数农民希望政府统一建房

从重灾区五个乡镇收回的 700 余份有效问卷的数据来看，77.02%的农民希望政府统一组织建设住房，同时近 85%的农民认为需要组织专业人士编制农房重建的标准规范、示范图集，更有 94.80%的农民希望得到专业技术人员的现场指导，重建时希望政府指派专门施工队的农民占 74.52%（见表 1-4-5～表 1-4-8）。

重建组织方式问题一的数据汇总　　表 1-4-5

问题:您希望的住房重建建设方式	统计数量	比例(%)
自建	168	22.98
政府统一组织建设	563	77.02

重建组织方式问题二的数据汇总　　表 1-4-6

问题:重建时是否需要政府提供农房重建的标准规范、示范图集	统计数量	比例(%)
需要	618	84.89

续表

问题：重建时是否需要政府提供农房重建的标准规范、示范图集	统计数量	比例(%)
不需要	41	5.63
可有可无	69	9.48

重建组织方式问题三的数据汇总 **表 1-4-7**

问题：修缮或重建房屋时是否希望得到专业技术人员的现场指导	统计数量	比例(%)
需要	693	94.80
不需要	16	2.19
无所谓	22	3.01

重建组织方式问题四的数据汇总 **表 1-4-8**

问题：修缮或重建房屋时希望的施工人员组成方式	统计数量	比例(%)
技术人员指导自己家人或朋友	87	11.92
本地工匠	99	13.56
政府指派的施工队	544	74.52

4.2.2 农民意愿存在地方差异性

分析什邡市红白镇、绵阳市玉泉镇、都江堰市向峨乡和泰安古镇、小金县两河乡各个乡镇收回问卷的汇总数据，得出的结论大体一致，即当地居民都依赖政府组织安排农村重建工作，但由于各乡镇自然环境、地理位置、经济基础、人文社会环境、受灾程度等因素的不同，各项数据反映出各地农民的意愿存在一定的差异性。表现在：经济基础较好、房屋倒塌或农业生产资料损失情况并不很严重的地区，有部分农民希望得到政府资金补贴或者低息小额贷款来自己建房，考虑到自身还有些经济实力，想重建更好的住房，例如泰安古镇和小金县两河乡（见表 1-4-9、表 1-4-10）；社会环境较差的地区，部分农民认为统一建房是“暗”的，建筑材料采购、工程承包等环节可能会存在腐败现象，导致建成的仍然是危房，不如发放现金透明；自然条件和生活方式具有特性的地区，有些农民比较相信本地建筑施工人员能够建造符合当地居民要求的住房，并认为政府指派的施工队不如本地施工人员负责，例如泰安古镇（见表 1-4-11）；等等。关于政府部门是否需要提供农房重建的规划设计图纸并安排专门技术人员到施工现场指导，各地农民基本表示十分愿意。

泰安古镇收回问卷数据整理 **表 1-4-9**

问题：您希望的住房重建建设方式	统计数量	比例(%)
自建	16	76.19
政府统一组织建设	5	23.81

小金县两河乡收回问卷数据整理　　表 1-4-10

问题:您希望的住房重建建设方式	统计数量	比例(%)
自建	92	43.40
政府统一组织建设	120	56.60

泰安古镇收回问卷数据整理　　表 1-4-11

问题:修缮或重建房屋时希望的施工人员组成方式	统计数量	比例(%)
技术人员指导自己家人或朋友	1	4.76
本地工匠	9	42.86
政府指派的施工队	11	52.38

4.3 农民对政府主导重建的担忧

调查数据显示，在选择重建希望得到政府的补助方式时，多数灾区农民选择政府统一建房（见表 1-4-12）；选择希望住房重建采取何种建设方式时，大多数农民也选择政府统一组织建设。

政府补助方式问题的数据汇表　　表 1-4-12

问题:您希望重建时得到的政府补助方式	统计数量	比例(%)
提供现金	174	23.87
统一建房	523	71.74
提供建筑材料	32	4.39

现场访谈得知，农民不选择现金补助或建筑材料发放进行住房自建，主要是因为对地方政府存在种种顾虑。通过调查发现，基层政府在之前的救灾和灾后服务方面具有一定的滞后和懈怠：当地居民反映当地救灾款项、物资等发放不尽人意，与媒体报道的有一定出入；在房屋倒塌后，当地政府救助态度不积极，导致很多生命抢救无效等。这些现象让当地村民对地方政府组织住房重建产生了许多担忧：如果采取现金补助方式，各级地方政府很可能会延缓发放并在多层环节中大打折扣；如果采取建筑材料发放的形式，为了节省成本，地方政府很可能采购劣质建材发给农民，建筑质量实在难以保证；选择政府统一建房的农民也有顾虑，担心建房中建筑材料购置和工程承包等环节会有腐败问题，使中央发放到地方的建房物资缩水。

根据一系列的调查访谈，充分了解到当地农民对地方政府能否全心全意为他们建设家园持有谨慎怀疑的态度。面对民众的各种疑虑，成立专门机构对工程质量及建设资金使用进行有效监督则十分关键，住房建设过程中要将工程施工和资金投入公开透明化，竭力消除农民顾虑，增强农民对各级政府部门的信任度。

4.4 主要调研结论及启示

4.4.1 分析结论一：政府部门千钧重担

分析调查问卷的相关数据表明，农村重建农民十分依赖政府部门。因此，政府在农村受灾区住房重建过程中必然要担当重要角色，可谓千钧重担。

灾区农村住房的重建是受损村民最关心的问题之一，由政府部门统一建设将涉及重建小组构建、大量资金投放、有限资源配置、管理机制运作、相关部门协调等多方面问题，各级政府都责无旁贷。

1. 重建小组构建

建议国务院第一时间内成立灾区重建办公室并设立灾后农村地区重建指挥部门，该领导部门再从中央到地方各省、市、县分别组建农村住房重建小组。考虑到地方政府最熟悉当地情况，能够最有效地开展工作。因此，地方政府应成为灾区重建的主导。

从中央到地方负责农村灾区重建的组织部门必须科学安排重建工作，慎重细致地列出重建计划，科学组织从调查—策划研究—规划—决策—保护设计到建设等重建步骤和方法，落实到各个部门每个负责人，同时设置管理监督部门，及时跟进，及时提高重建工作的科学性。

2. 大量资金投放

已有经济学家称“5·12”汶川地震造成的直接经济损失超过5000亿元，虽然政府正举全国之力，多渠道筹集灾后重建资金，但重建的天文数字无疑给政府部门带来巨大的压力。至于政府分阶段投放的大额资金是否能有效落实到重建的各项工作，必须投入大量精力进行管理和监督。

3. 有限资源配置

相比前期的救灾工作，灾后农村重建对资源的要求力度更大，而现在正面临着资源短缺的局面，面对当前国内国际有限的资源，一定要合理配置。建议组织重建的政府部门首先对经济资源的综合需求进行总体估价，将灾民当前紧急安置的物质需要与灾民长期安置的物质需求加以清理，使投入到灾区的资源不断满足农村重建的当前和中长期的需要。在此过程中，地方政府尤其要担当起资源调度安排的重任，通过对当地灾区可利用资源进行评估、已经投放到当地的各种资源数量和种类进行统计、过去资源发放方式的成败得失进行总结，较为准确地推断未来不同阶段需要的重建资源的数量和类型，以合理配置各类资源到不同地区，将有限资源最优化利用。

4. 管理机制运作

灾后农村住房重建工作关乎数百万农民的直接利益，也将有众多职能部门、相当一批政府官员和专业技术人员投入到此项工作中。在这个庞大的队伍中，绝对有必要建立管理机制，制定具有法律效力的规章制度来约束各个职能部门和人员的行为，同时成立监督机构来监管此管理机制的正常运作。

5. 相关部门协调

农村灾区住房重建工作涉及经济、社会、环境、文化等方方面面，牵涉财政、国土资源、规划建设、房产管理、交通、市政、环境保护、教育、劳动和社会保障、农业等多个政府部门，这些相关职能部门的协调必然是重建工作能否顺利进行的关键因素。因此，最高指挥部门必须突显协调能力，积极调动各部门的工作主动性，有效配合主导部门顺利完成重建工作。

4.4.2 分析结论二：农民顾虑积极回应

调查中也发现，在某些问题上农民群众对政府部门有所顾忌，主要表现在对地方政府和基层组织的信任度不高，而住房重建工作又主要依靠地方政府和基层工作者。因此，中央政府从组建地方重建小组、制定各项制度规范工作内容到建立监督机构和管理机制都要慎之又慎，提供农民最便捷的上访渠道，便于村民们将重建中不合理的现象第一时间反映给监督机构，以迅速发现不良情况，全力保护农民利益。

建议政府部门主要从以下几方面着手竭力消除农民的顾虑：

1. 慎重组建地方重建小组

中央重建指挥部门在地方组建农村住房重建小组时必须考虑两个重要因素：一是重建小组成员的专业背景和工作能力；二是重建小组领导人员的道德风尚。这两点都是关乎重建工作能否顺应民心的关键，也可认为是重建工作成败的关键。因此，对地方重建小组工作成员的考核及任命绝不可以掉以轻心，一定要对所有流离失所的百姓负责。由于地方政府的工作人员当地农民应当比较熟悉，建议在符合重建工作所需专业背景和能力的人员中，由民众推举产生主要负责的领导。

2. 制定细致的工作内容和规范制度

农村住房重建工作涉及内容广泛，在构建整体工作计划的基础上，一定要认真研究各项工作细节，方方面面考虑周全，以防重建中牵涉未考虑到的问题没法解决，影响工作全局。同时每项细致的工作内容都要确立在案，落实到人。负责人员必须担当此项工作顺利进行的重大责任，承担相应后果，以免出现相互推卸责任的不良现象。为使农民更加安心，建议政府部门公示各项工作内容及负责人名单、相关规章制度等。

3. 建立有效监督机构

从中央到地方的重建小组都需设置监督机构，涉及资金投放和使用、建筑施工和管理等主体工作项目，同时成立监督工作组。监督机构要发挥重大作用，制定管理制度，明确规范各项奖惩条例，有效督促农村住房重建工作的有序开展；监督工作组在监督工作环节正常进行的同时，还要时常深入群众了解工作进展情况和出现的问题，通过调查访谈的形式，将重建工作中人为的恶性状况及时发现并及时消除。建议监督机构和监督工作组也设立最便捷的服务平台，能够迅速准确地接收农民群众反映来的各方面问题，汇总突出情况立即现场跟进调查，以最快速度来解决，极大地增强村民们对当地政府部门的信任度。

4.5 相关政策建议

政府部门组织灾后农村住房重建，必须坚持“统筹安排、相互兼顾、科学决策、有序展开”的基本原则，做好现场调查评估、科学编制规划、合理设计住宅、严格规范施工等主体工作。

4.5.1 调查实事求是

灾后现场调查和评估论证是灾后重建的首要任务，是重建工作开展的基础也是后期规划建设的依据，务必要实事求是。对于农村住房重建工作来说，现场调查评估主要包括以下三方面的内容：

（1）调查受灾地区各个乡镇住房的灾损情况，评估需要投入的人力、物力、财力。尽量采用卫星遥感记录、航测航拍地理信息、现场勘察、科学检测记录等高效的技术手段，快速科学地分析比较地震前后各个乡镇建筑、基础设施的损坏程度。组织专门力量开展各地区灾害范围评估、损失评估等，组织专家对重要事项进行论证，为农村地区住房重建资源分配方案的制定提供重要依据。

（2）调查受灾地区各个乡镇的自然地理条件等，论证村镇重建的选址。安排相关专业人员第一时间到现场了解灾区情况，选择包括规划、地理学、环境学、建筑施工、社会学、结构等有一定经验的专家组成联合调查组，有计划、有组织地深入实地调查研究，为灾后的重建规划取得第一手真实的资料，提供有力的规划依据。在现场调查研究、科学论证的基础上，抓紧做好地震机理研究、地质地理环境条件评估和建设项目选址等工作。

（3）调查农民有关家园重建各方面的意愿，分析农民在安置方式方法、住房面积与材料、政府补助方式、重建组织方式等方面的真实想法，为住区规划、住宅设计施工等灾后重建内容和重建方式的确立提供可靠依据。

4.5.2 规划以人为本

科学编制灾后农村重建规划、坚持以人为本的规划理念，这是贯穿灾后重建规划的核心思想。农村重建规划主要包括城镇体系、村镇建设、农村住房建设、基础设施建设、公共服务设施建设、生产力布局与产业调整、防灾减灾与生态恢复、土地利用8个专项规划和局部地区的新农村规划。各专项规划的编制，都要坚持从当地实际出发，与经济社会发展水平相适应，全面统筹、分类指导，立足当前、着眼长远，保证重点、兼顾一般，加强资源综合利用，争取最大效益和最好效果。

农村住房重建规划要着重考虑以下三个方面：

（1）规避地质灾害问题必须贯穿村镇布局规划、村镇建设用地的选址和基础设施规划等。对于高震区或地震多发区的乡镇和村庄，在确定体系等级规模与布局时应充分考虑地震危害影响，参照该区域抗震设防标准，经济合理地确定高震区域多震区的乡镇和村庄规模；根据各乡镇现场调查情况和防震抗震规划要求，科学论证村镇重建的选址，建议避开易塌陷、开裂的地区和有较大坡度的山地，选择相对开阔的地带建设住宅；对于关系到村镇居民生命财产安全的通信、供电、供水、供热、燃气、消防等生命线工程，以及中小学、幼儿园、医院等重要公共服务设施应提高相应抗震设防等级。

（2）灾后农村住房重建规划要从灾区实际情况出发，与经济社会发展水平相适应，尊重民意，注重实效，科学界定适宜重建和不适宜重建的区域，调整优化城乡布局、人口分布、基础设施和生产力布局。要充分尊重和调动当地干部群众的积极性、主动性和创造性，统筹安排、突出重点，有计划、分步骤地开展恢复重建工作。

（3）农村重建要高瞻远瞩，建议灾区以新农村建设为契机，改变过去许多农户分散居住难以配套公共设施等相关问题，以村为基础，做到适度集中居住，配套道路、水电等基础设施，配置医务室、文体活动中心等公共服务设施，改善农村的居住条件，提高农民的生活质量。

4.5.3 设计尊重民意

农村住房重建中住区形态设计、环境景观设计及住宅单体建筑设计等必须尊重民意，遵照“因地制宜、就地保护、综合节约、可持续发展”的原则，注重地区差异性，体现地方特色。

设计出顺应民意的住房基于两点：一是受灾地区各乡镇的地理位置、经济条件、社会文化环境等实际情况的现场深入调查，二是当地农民对住宅设计的意愿调查。设计首先必须详细掌握当地的居住文化环境，包括村民的生活方式、建筑特征、居住空间构成要素等，保护与发展并重，设计符合当地居民要求的居住空间；然后对于农民在住房面积、户型需求、建筑形式、建筑材料等方面的意愿进行充分调研，作为主要依据进行住宅单体设计与建造。

4.5.4 施工确保质量

建筑施工是灾后农村住房建设的落实环节，重建家园过程中必须强化建筑质量管理、严格建筑监督程序、提高政府督导力度，使重建的住房能够抗御较高强度的地震，实现长治久安。

确保工程质量必须依靠全过程的监督控制，积极组织并充分发挥灾后重建综合质量监督工作组、工程监理、地方质量监督站和业主代表等的监控职能，全过程跟踪，顺利建造农民满意的住房。

第5章　政策建议及保障措施

5.1　政策建议

5.1.1　资金筹措

充分调动村民的积极性，积极探索“政府组织、市场运作、多元投资”的恢复重建机制，制定针对性的政府支持、信贷优惠和社会帮扶政策，多渠道筹集重建资金。村镇基础设施配建资金应主要通过各级公共财政及对口支援资金解决。农房重建资金以农民自筹为主，政府投入、对口支援、社会捐赠等方式为辅。其中，中央和受灾省、市（州）级财政都应设立地震灾后农房重建专项基金；对口支援部门，由提供的实物工作量或资金组成；捐赠资金应优先用于民生项目，优先安排房屋倒损农户住房重建。

5.1.2　金融政策

鼓励国有商业银行为灾区重建住房资金短缺的农户，提供一定额度的，具有中长期授信的小额贷款，给予贴息或首付优惠。建立以村庄为基础的农民灾后建房小额信贷基金，采取政府组织下的联户担保方式，帮助农民增强逐步改善居住条件的能力。

在国家灾后重建资金中安排专项资金用于贫困村和返贫村灾后恢复重建工作。促进义务教育和基本医疗等服务平等化，切实保护贫困村和返贫村农民的生存权和受教育权。对口支援中要加大对贫困村和返贫村建设所需技术人员的支持，特别是住房方面的设计规划人员、工程质量监理人员及医务人员等专业技术人员。

5.1.3　税收政策

灾后恢复重建应采取政府补助、银行贷款和个人出资的“三家抬”的办法。在灾后重建的过程中，中央和当地政府应建立长效的财政、税收政策帮助灾区灾后重建。在税收方面，对灾区的企业、个人给予税收减免等政策优惠；通过转移支付的方式，在基础设施和教育方面，对灾区进行扶持。由政策性银行和政府机构如民政部提供无需抵押的长期优惠贷款，帮助企业发展和个人创业。

5.1.4　土地政策

原地重建的村民可按原宅基地标准进行住宅建设，就近重建的村民应按照《土地管理法》的规定及时获得新的宅基地。

集中重建的村民根据每户的人口数确定宅基地的大小进行建设。农民相对集中建房的，实行边建设边报批，由村民委员会集中、统一办理建房审批手续，在符合国家恢复重建规划的前提下，建设行政主管部门应及时予以批准。

农村居民外迁转移、由接收地分配宅基地的，或由接收地政府按城镇居民进行安置、享受城镇居民待遇的，原宅基地由原集体经济组织收回；原宅基地建设用地指标可由接收地使用。

5.1.5 城镇化政策

1. 促进城乡协调发展，加大对灾后农户的城镇化安置政策扶持

引导极重灾区、较重灾区有一定经济实力的农村居民在成都平原宜居地区和四川省、全国各大中小城市购买房屋，加快城镇化发展；全国和所在省内各城市应对灾区居民开放经济适用房销售和户籍政策，对省内和国内异地城市购买经济适用房、商品房的灾区农户，各地政府和金融机构应研究和实施“灾后农户异地购置经济适用房和商品房信贷新政”，出台优惠政策，降低首付门槛，如对于在灾后重建期限内购买房屋的灾区农户购房所交地方所得税部分各地应给予补贴，创业一定时期内减免工商管理费和税收等。

鉴于生活在恶劣地区的无技术、无资金的农民很难融入城市，建议各级政府应出台系列配套政策和有计划地开展安置工作。

2. 降低灾区农村外出务工者进城就业门槛

灾区外出务工青壮年人口超过百万，在各地城市已有相对稳定工作并居住了一段时间，让他们融入当地社会，在城市发展事业和建立家庭具备自信心。中央和全国各省市城市应对已在该地城市就业一定时间的灾区民工进行清点，准予灾区务工者和家属或亲属落户，降低落户门槛，顺势突破户籍制度，在就业、入学、医疗、保险方面等同当地城市居民，给予居民待遇，使之融入本地社会，并为将来逐步改革户籍制度积累经验。同时，所在地城市各级政府和社区，应借助民力和当地企业力量为安置灾区移民筹集援助基金。

5.2 保障措施

5.2.1 加强组织领导，明确恢复重建责任

各级人民政府要加强对农村恢复重建工作的组织领导。省级有关部门应按照各自的职责分工，密切配合，加强对灾后恢复重建工作的指导和监督检查；市县级政府要加强组织、领导和协调，统筹负责做好恢复重建的实施，有关部门要加大技术指导和检查验收工作力度，保障重建工程进度和质量；乡镇级政府有关部门应做好恢复重建的具体实施工作，鼓励调动农民群众发扬自立精神，积极参与重建。

农村灾后恢复重建工作涉及多项行业、多个部门，应尽快建立各级规划建设、农业、国土、交通、水利等部门参加的部门协作机制，对恢复重建中的相关政策、技术问题及时发现并加以解决。同时，各级财政、发展改革、金融、保险、国土等部门要在各自的工作范围内做好对象确定、资金保障和政策支持等工作，统筹协调，保证恢复重建工作的顺利进行。

县级人民政府及相关单位要派驻工作组深入到各中心村、基层村切实做好督促协调工

作，对灾后恢复重建工作进行全程跟踪指导。

5.2.2 严格规划实施，有序推进恢复重建

各地要在本规划的指导下，编制好灾后重建农村建设实施规划，特别要做好贫困村和返贫村的规划编制工作。规划的组织实施要充分发挥村民自治组织的作用，深入落实到各个农村居民点，要引导村民合理进行建设，因地制宜、节约用地，改善农村生产生活条件。县级人民政府及相关单位要派驻工作组深入到各中心村、基层村切实做好督促协调工作，对灾后规划实施工作进行全程跟踪指导。

5.2.3 实施合理补偿机制，启动农村恢复重建

针对农村不同的恢复重建形式应采用不同的补偿方式。恢复重建根据村民是否脱离原生产资料分为两大类。对不脱离原有生产资料的按农民自建、集中建设两种方式考虑；对脱离原有生产资料的可按一次性货币补偿、集中安置、分散安置三种方式考虑，并根据各种安置方式给予相应支持政策，在本规划统一指导基础上，由县政府组织，以乡镇为单位，继续编制落实到村庄的恢复重建农村建设规划。

1. 不脱离原有生产资料

（1）农民自建方式。在尊重群众意愿的基础上，当地政府、农村集体经济组织可组织受灾农户将原分散居住的灾毁房屋宅基地按“拆院并院”的方式，集中规划重建，可由灾毁住房农户自建或与他人合作建设。

（2）集中建设方式。对规划确定的农村新型社区和集中居住点实行统一规划、集中建设。对灾毁住房农户自愿选择入住统一建设的安置住房，每户应按政府给予的住房重建补助资金等额交纳建房费。

2. 脱离原有生产资料

（1）一次性货币补偿方式。对有创业能力、自愿举家搬迁的灾毁住房农户，应允许其自愿放弃宅基地安居置业，农户不再申请宅基地。农户自愿放弃宅基地的集体建设用地指标，由当地政府或“拆院并院”项目实施主体给予一次性货币补助。接收城市给予廉租房、经济适用房、限价房等住房保障政策，给予落户和社保、医疗、就业、子女入学等待遇。

（2）集中安置方式。确定安置地点，安置点必须在具有发展潜力的城镇，对规划确定的农村新型社区和集中居住点实行统一规划、集中建设。对灾毁住房农户自愿选择入住统一建设的安置住房，原则上按照每户人均建筑面积 $30m^2$ 的标准分配，每户应按政府给予的住房重建补助资金等额交纳建房费。

5.2.4 注重设施建设，夯实发展基础

加快推进农村生产设施建设，一方面突出农业综合生产能力的恢复重建，保障大宗农产品的供给，努力增加农民收入，增强农民群众恢复重建的信心；另一方面要抓好农业系统重建，改善服务手段，提高灾区现代农业发展和新农村建设保障能力。市县农业部门要严格生产设施重建管理，根据不同项目、不同区域制定相应的技术措施，确保重建任务高质量如期完成。

加快推进农村基础设施建设，要创新思路，从财政、金融、土地、产业、税收等方面研究制定加强村庄基础设施建设的扶持政策，逐步建立长效的政策扶持机制，要建立驻村干部指导制度，县（市、区）、镇（乡）人民政府要选派能力强的干部，驻村指导村庄基础设施建设，建立和完善村庄基础服务设施长效管理机制，确保设施投入效益和正常运行。注重村庄建设安全，提高村庄抗震防灾的水平。

5.2.5 加强技术服务指导，提高建设质量水平

灾区县级人民政府应当组织有关部门对村民住宅建设的选址予以指导，并提供能够符合当地实际的多种村民住宅设计图，供村民选择。村民住宅应当达到抗震设防要求，体现原有地方特色、民族特色和传统风貌。为确保农房建设质量，受灾地区应建立起农村住房建设技术服务队伍，加强技术服务指导。一方面要充分争取省内外对口支援技术队伍的帮助；另一方面要积极培训一批村镇建筑技术工匠，帮助村民重建家园。培训村镇建筑技术工匠可以采取统一授课和技术人员现场指导教授相结合的方式。

5.2.6 简化审批手续，加快恢复重建进度

农民住房恢复重建的各项相关手续应在保证安全和质量的前提下，尽量予以简化；农村公共服务设施、基础设施建设应按照村庄建设规划，由相关部门和单位统一组织实施，从项目立项、土地供应、施工管理、竣工验收等各个方面加强服务，要简化审批程序，及时办理相关手续，加快重建进度。

5.2.7 加强建材市场监管，建立建材保障体系

农村灾后重建所需的建筑材料数量非常大。为确保供应量，保证各地村民能及时购买到建筑材料，必须尽快建立行之有效的灾区主要建筑材料保障体系。

一是各地政府要建立政府大宗建材储备制度，成立专门机构或责成相关部门建立面向灾区群众的销售渠道，充分发挥建材物资保障的主体作用。

二是帮助建材企业尽快恢复生产，省级大中型建材企业必须首先满足灾区需要，政府要通过特殊政策，引导他们到灾区县（市、区）设立直销网点或建立销售公司，满足灾区建筑材料的供应。

三是对今年暂时有缺口的建筑钢材（估计 2008 年下半年为 243 万 t），受灾县（市、区）要主动联系省内外生产企业，加强沟通，采取多种措施，从邻近省市低价调入，切实保障灾区重建需要。

四是省内非灾区正常需求通过国家引导国内大型国有企业到四川省设立销售公司，平价销售，予以解决。

五是要适时制定市场合理价格，对市场采取干预措施，稳定物价，同时要加大对非法开采行为和价格违法行为的打击力度。

第二篇　分　报　告

第 1 章　都江堰向峨乡灾后重建农村建设规划调查报告

1.1　调查工作概况

根据住房和城乡建设部村镇建设办公室的要求，中国建筑设计研究院国家“十一五”科技支撑计划“村庄整治关键技术研究”课题组，组织山东农业大学、山东大学、山东科技大学、苏州科技学院、清华大学、扬州大学、华东师范大学等，共同组成了 38 人的调查组，紧急赴川，进行四川省汶川地震灾后重建农村建设规划情况的调查。其中，由山东农业大学水利土木工程学院 5 名师生与山东科技大学 5 名师生一起，组成十人的都江堰组，对汶川地震重灾区之一的都江堰市向峨乡进行了为期一周的典型调查。

图 2-1-1　向峨乡政府临时驻地

2008 年 6 月 13 日晚，都江堰组一行十人抵达成都市温江区。6 月 14 日至 6 月 17 日进入都江堰市向峨乡灾区进行“汶川地震灾后重建农村建设规划”调研工作。

6 月 14 日，调查组首先在乡政府驻地向政府有关人员了解了总体情况（见图 2-1-1～图 2-1-3）；然后分两个小组分别开展调查，先后走访了鹿池村、石碑村、石瓮村、龙竹村、海虹村、茶房村、棋盘村、莲月村 8 个村庄，共走访农户 370 余户，收回有效调查问卷 197 份，对 64 个村民小组进行了农村建设规划表的调查。期间，共拍摄照片 1500 余张，整理典型照片 445 张。具体行程见表 2-1-1。

工作日程安排　　**表 2-1-1**

日期	时间	行程	日期	时间	行程	日期	时间	行程
6 月 14 日	10：30—13：00	一组鹿池村	6 月 15 日	9:55—13:00	一组石瓮村	6 月 16 日	9:55—12:00	一组茶房村
		二组鹿池村			二组莲月村			二组海虹村
	13:40—5:20	一组石碑村		14:20—5:30	一组棋盘村		13:00—15:00	一组乡政府
		二组石碑村			二组龙竹村			二组乡政府

图 2-1-2　乡政府领导介绍情况

图 2-1-3　调查组与乡领导共商调查方案

1.2　向峨乡概况

1.2.1　自然地理情况

都江堰市位于成都平原西北边缘，地处岷江上游和中游结合部的岷江出山口。东南距四川省会成都市 48km。介于北纬 30°44′～31°22′，东经 103°25′～103°47′之间。东西最大横距 34km，南北最大纵距 68km，总面积 1207km²，其中城市建成区面积 18km²。现辖向峨乡、蒲阳镇、青城乡、金凤乡、虹口乡等 12 个镇 16 个乡。总人口 57.8 万人，其中城市人口 20 万人。境内地势西北高、东南低。属中亚热带湿润气候区，四季分明，夏无酷暑（极端最高气温 32℃），冬无严寒（极端最低气温-5℃，仅个别年份出现），雨量充沛，气候宜人。年均气温 15.2℃，1 月份平均气温 4.6℃，7 月份平均气温 24.7℃。年均降水量 1200mm，年均无霜期 280d。都江堰市距离此次地震震中直线距离为 11km。见图 2-1-4 和图 2-1-5。

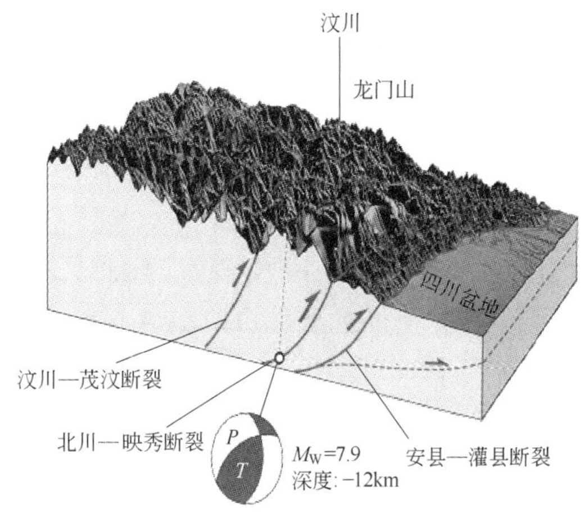

图 2-1-4　“5·12”地震断裂带分布

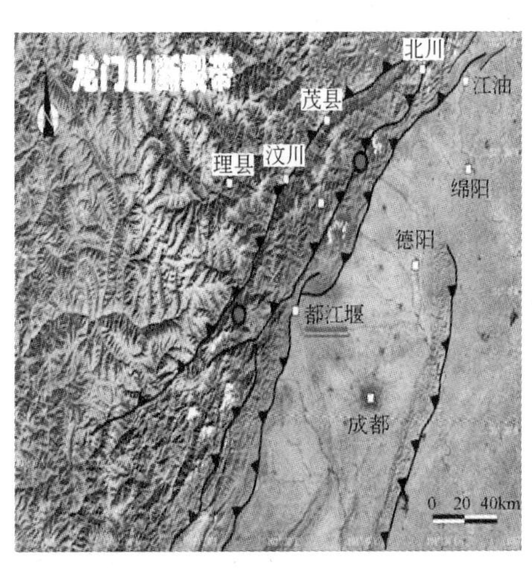

图 2-1-5　都江堰与断裂带的位置

向峨乡位于都江堰市市区东北部（见图 2-1-6），东西最大横距 10.7km，南北最大纵距 12.2km，东连彭州市，南接蒲阳镇，西与西北靠金凤乡和虹口乡，北临彭州，幅员面积 59.1km^2，耕地面积 12341 亩。地处高山与平原的过渡地带，最高峰二峨山海拔 1804m，最低处狮子桥海拔 720m。

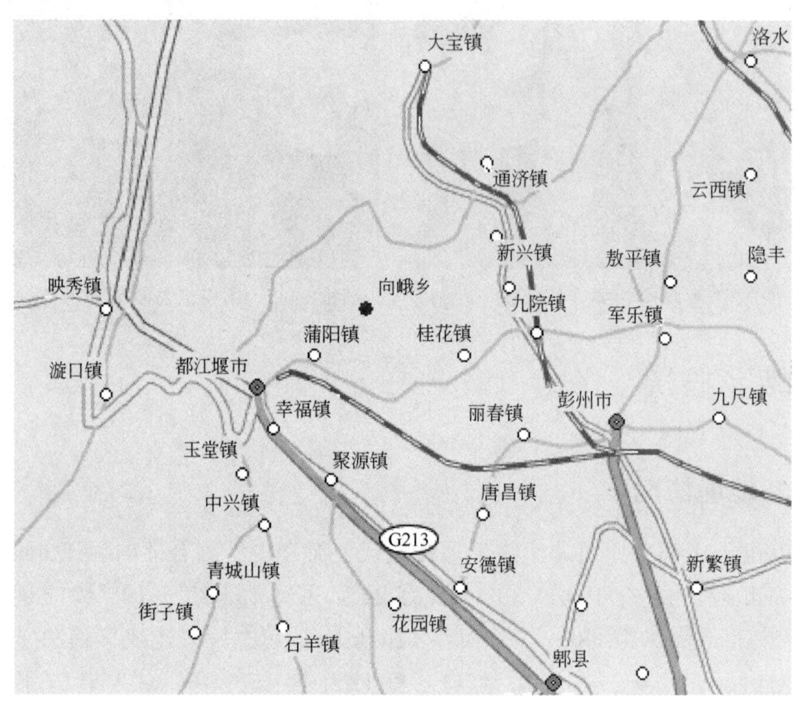

图 2-1-6　向峨乡地理位置

1.2.2　行政区划

目前，辖鹿池、莲花、石瓮、棋盘、石碑、茶房、龙竹、石花、东林、红花、海虹、虹槐 12 个行政村、102 个村民组、1 个居委会及 6 个居民小组。居委会及下辖 6 个居民小组位于乡政府驻地。全乡总人口 15000 余人，其中乡政府驻地 3000 余人。乡政府驻向峨场，西南距市区 14km。图 2-1-7 为向峨乡自然风光实景照片。

1.2.3　社会经济概况

乡起源于场名。向峨场于 1942 年 6 月竣工开场，因场处二峨山东麓，故取名向峨。乡域原属蒲阳乡，1950 年 10 月划蒲阳乡所辖第 15～20 保新建向峨乡，与蒲阳乡同属灌县第一区管辖。向峨建场前除有一药铺和两个烧房（酿酒）外，无其他商业。1980 年后，商贸逐步发展，集市贸易日益兴旺。交易品种以蔬菜为大宗，日上市量逾万斤。至 1999 年，集镇面积已发展至 0.4km^2，有街巷 8 条，其中水泥路面 2 条，长 1500m；沥青路面 2 条，长 500m。建起了总面积 2700km^2 市场 2 处。场镇有日生产能力 500t 的自来水厂 1 座，有医院、邮电所、广播电视站、文化站等设施。

图 2-1-7 向峨乡自然风光

乡境内有大三公路纵横东西，有紫宽路在乡境和彭州市交界处与大三公路交汇，另有厂矿企业专用道 9 条与大三公路相接，公路总里程 53km，其中水泥路面 12km。有村道 12 条，总长 48km，一般宽 3.5m。1981 年，已实现村村通行汽车。1999 年，实现村村通电话目标。乡境有山溪和人工河道 8 条，山平塘 11 口，水库 2 座及提灌站等设施，农业以水稻、玉米、小麦、油菜籽为主。1998 年以来，先后确定了以猕猴桃、“三木”药材、“干果”、“四瓜”种植、高腿小尾寒羊饲养为主，带动其他产业发展的农业产业结构调整思路。1999 年调减粮食作物面积 5091 亩，为改革开放以来调减总面积的 1.09 倍。新发展猕猴桃 3661.6 亩、“三木”药材 800 亩、“干果”630 亩，引进高腿小尾寒羊 230 只。全乡已有猕猴桃 5606.6 亩、“三木”药材 2000 亩、“干果”2137 亩，建成了石碑村“干果”示范基地和虹槐村猕猴桃示范基地。全乡新调减 5 亩以上的 236 户，规模在 10 亩以上的 70 户，20 亩以上的 8 户。棋盘村二组岳劲松利用承包土地和荒山发展猕猴桃、板栗、核桃 34 亩；鹿地村 5 组贾正富收获南瓜 6000kg，收入 6000 元，采摘、出售茶叶收入 7000 元，带动该组 30 多户人家种南瓜，仅南瓜一项人均增收 600 元。年末统计，实现农业总产值 3049 万元，农民人均纯收入 2721 元；粮食总产量 6573t。

1.2.4 向峨乡震后概况

震前，乡政府驻地常住人口约 3000 余人，震后，考虑到本乡只有乡政府驻地较为平坦，平地相对集中，因此计划安置人员 8000～10000 人。灾后重建农村安置点选址见图 2-1-8。

全乡灾后房屋 95％损坏，大多数倒塌、严重破坏（见图 2-1-9～图 2-1-16），已经不能使用，共计死亡 400 余人。尤其是向峨乡中学，由于地震发生于上课时间，教室几乎全部垮塌（仅有一幢即将投入使用的新建教学楼未倒塌），300 名中学生死亡。

截至目前，本乡已进入救灾部队 1000 余人，山西省长治市为对口救治单位。对于村民的临时安置，乡政府确定的基本原则为：凡无地质灾害处，暂时原址安置（帐篷）；有地质灾害处，组织原住村民转移。安置点上设置生活垃圾收集点，每天清运一次，集中处理。生活污水依靠化粪池处理。

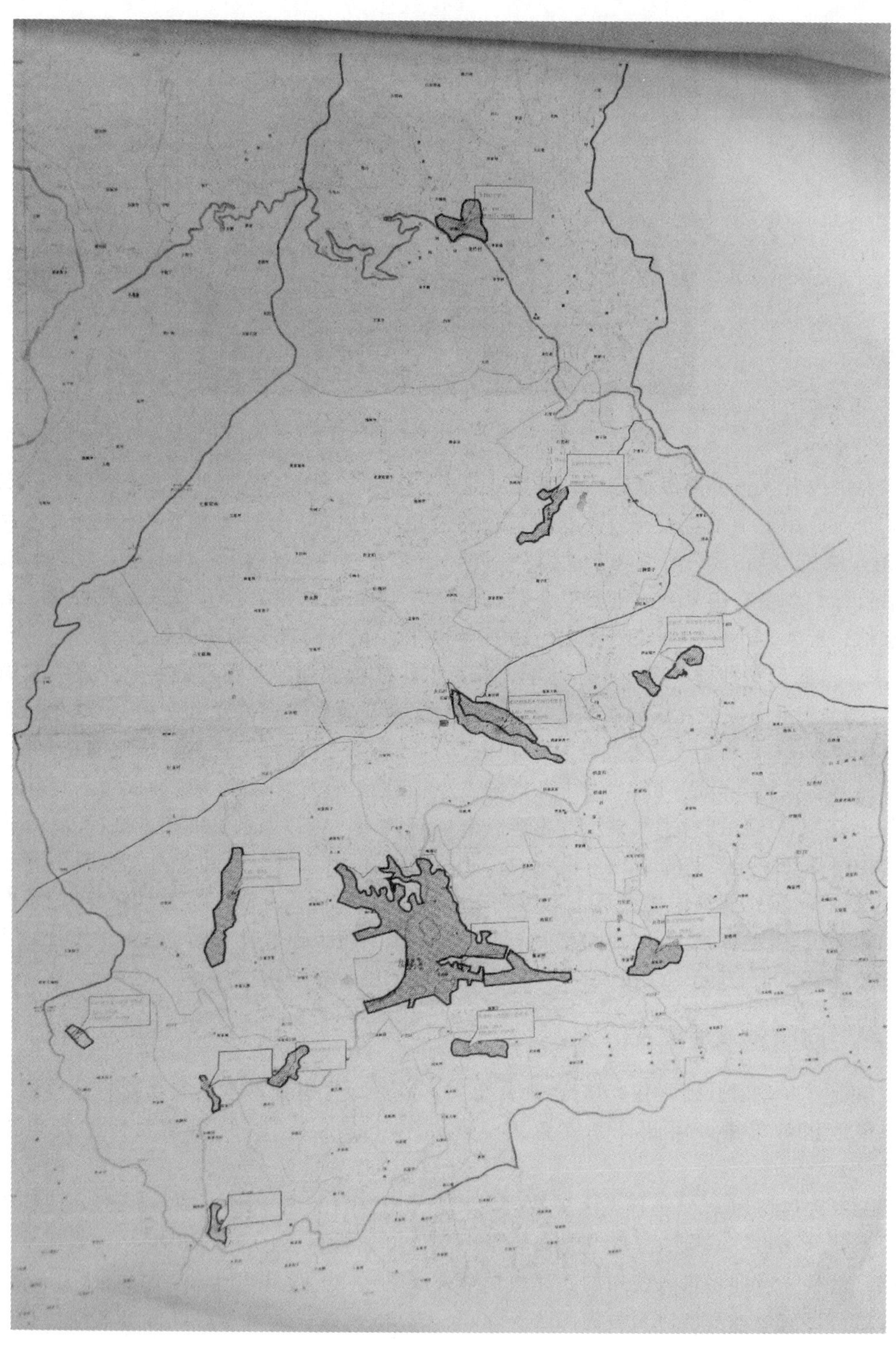

图 2-1-8　向峨乡灾后重建农村安置点选址图

图 2-1-9 向峨乡中学未倒塌的教学楼

图 2-1-10 未倒塌教学楼局部已破坏

图 2-1-11 向峨乡鹿池村破坏民房

图 2-1-12 向峨乡石碑村受灾民房

图 2-1-13 向峨乡石碑村严重破坏的民房

图 2-1-14 向峨乡茶房村倒塌民房

图 2-1-15　向峨乡石瓮村破坏民房

图 2-1-16　向峨乡海虹村破坏民房

由于本乡饮用水原来为山泉水，灾后水质受到影响较小，因此灾民饮用水为瓶装水与山泉水相结合。离乡政府距离较近、交通相对方便的村落，人员密度较大，地表水受污染较严重，水质难以保证，因此以瓶装水为主，如乡政府驻地、茶房村等处。距离乡政府较远的村落，由于交通不便，人员分散，政府力量不足，无法保证饮用水的有组织供应；同时，人口密度相对较小，水质相对较好，则由村民自行取用山泉水，如石瓮村、棋盘村等。目前，生活用水基本能够保证。

1.2.5　灾后重建初步规划

根据都江堰市国土资源局的计划，向峨乡已被正式确定为灾后新集镇建设对口扶持试点乡。受灾严重的向峨乡将按照现代化新集镇的标准重建，受灾群众将集中居住到新建的住宅小区。这种重建方式试点成功后，将向都江堰市所有受灾的乡镇推广。

在此次地震中，向峨乡有 90％以上的农房损毁，多数受灾群众都需要新的安置救助房来解决住宿问题。对此，向峨乡将不会在原有的宅基地上重建房屋，而是选择安全的地方，按照现代化新集镇的标准来重建大量的住宅小区，实现向峨乡 1 万多名受灾群众的集中居住。在此基础上，受灾群众原有的宅基地将转变为耕地，从总量上扩大向峨乡的耕地面积，从而达到提高总产量、增产增收的目的。

目前国土资源部门已经组织相关专家深入向峨乡进行了 4 次考察，经过相关的危险性评估，4 个中心村点的位置目前已经全部选定。在这 4 个点位上，将建设起大量的集中居住小区，每个小区将安置数千名受灾群众。与此同时，成都市国土资源部门也组织专业人员对向峨乡的受灾情况进行了摸底调查，有关向峨乡新集镇重建的初步规划也已经基本完成（见图 2-1-17），正在报相关部门进行审批，待审批通过之后，向峨乡的新集镇建设就将正式开始。

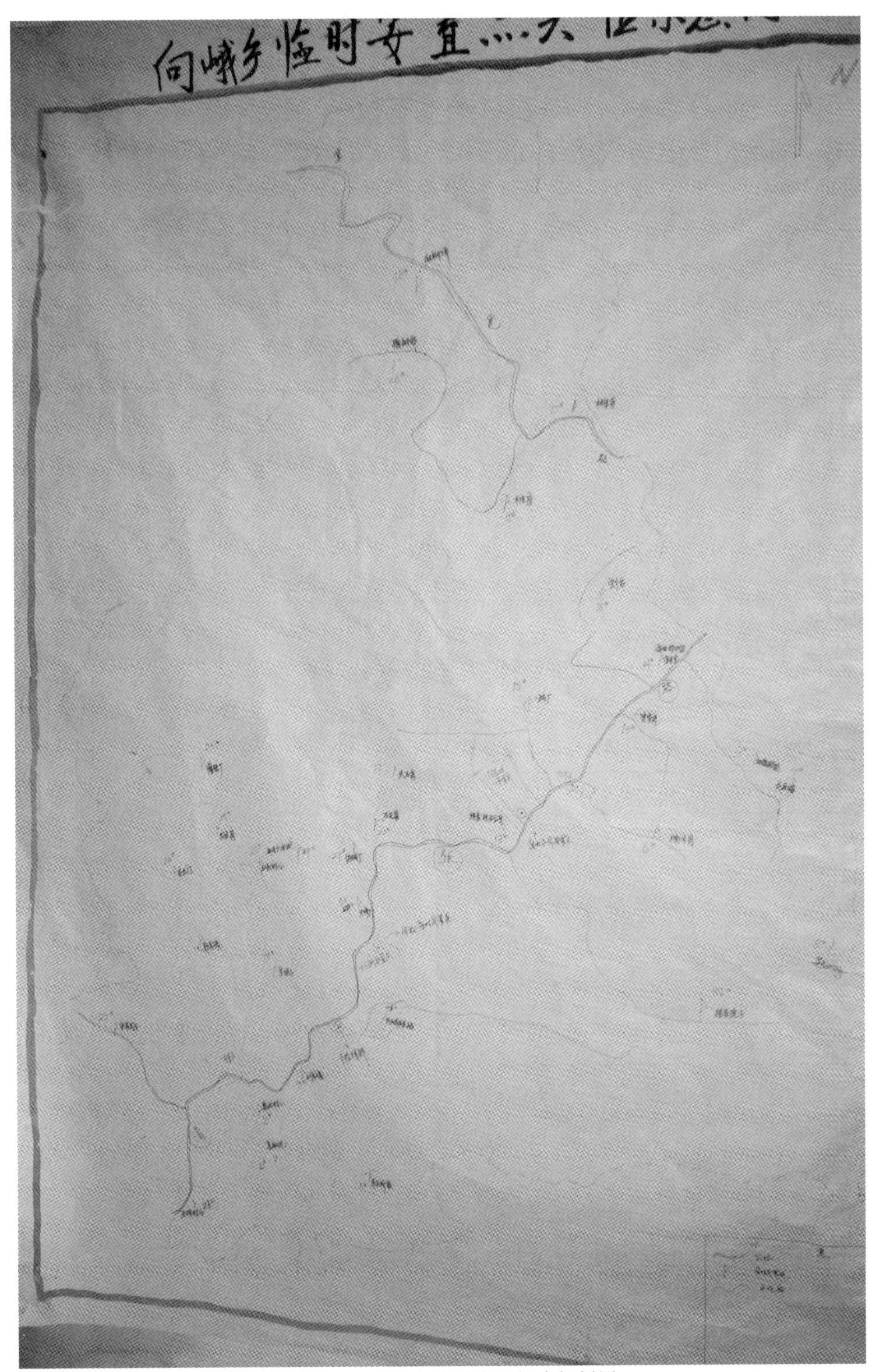

图 2-1-17　向峨乡临时安置初步规划图

1.3 向峨乡调查数据分析

1.3.1 农民意愿调查问卷数据分析

被调查小组的家庭人口数量为 819 人。各村情况如表 2-1-2 所示。

被调查家庭各村分布表　　表 2-1-2

村名	份数	地貌类型	统计数量(户)	比例(%)
鹿池村	12	中山峡谷地区	188	95.43
龙竹村	24			
海虹村	29			
连月村	25			
石碑村	34			
石瓮村	21			
棋盘村	17	平坝浅丘地区	9	4.57
茶房村	35			

1. 村民安置方式与位置

调查结果见表 2-1-3～表 2-1-6 及图 2-1-18～图 2-2-21。

"村民安置位置意愿"调查结果　表 2-1-3

问题:安置意愿	统计数量	比例(%)
原址重建	149	75.63
村外乡镇内重建	48	24.37
乡镇外县内重建	0	0
县外省内重建	0	0
省外重建	0	0
省内城镇化安置	0	0

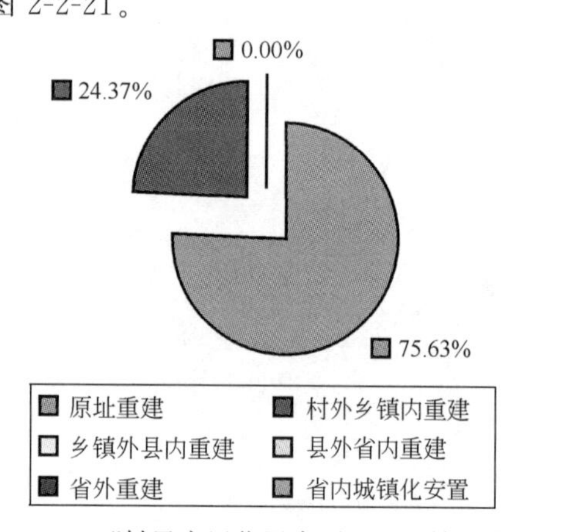

图 2-1-18　"村民安置位置意愿"调查结果分布图

"能接受的与原址距离"调查结果　表 2-1-4

问题:本村安置时能接受与原址的最远距离	统计数量	比例(%)
1km 以内	105	53.30
1～2km	56	28.43
2～3km	21	10.66
3km 以上	15	7.61

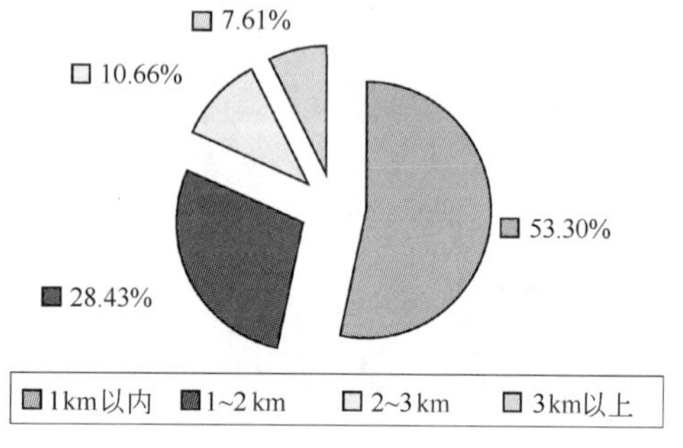

图 2-1-19　"能接受的与原址距离"调查结果分布图

"是否接受其他受灾群众在本村安置"的调查结果　表 2-1-5

问题:是否接受其他受灾地区群众在本村组安置	统计数量	比例(%)
接受	135	68.53
不接受	34	17.26
无所谓	28	14.21

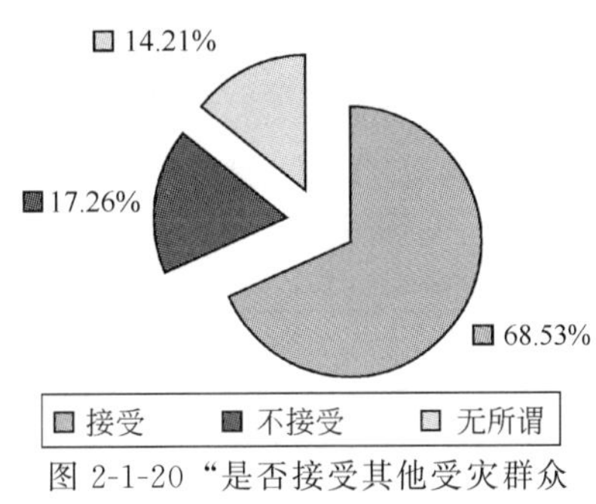

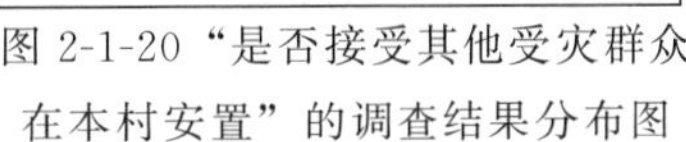

图 2-1-20 "是否接受其他受灾群众在本村安置"的调查结果分布图

"对外村灾民来源有无要求"的调查结果　表 2-1-6

问题:对外村灾民来源有无要求	统计数量	比例(%)
行政村外本镇(乡)内	58	29.75
镇(乡)外本县(市)内	8	4.10
县(市)外	1	0.51
无	128	65.64

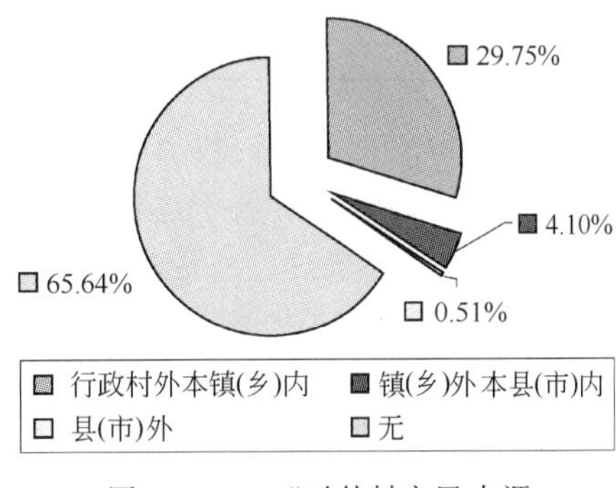

图 2-1-21　"对外村灾民来源有无要求"的调查结果分布图

由表 2-1-3～表 2-1-6 及图 2-1-18～图 2-1-21 可以看出，75.63%的村民希望能够原址重建，24.37%的村民希望能够在村外乡镇内重建。究其原因是大部分村民的住宅及地基多为几代相传，且邻居之间、村组间已在长期的生产、生活中形成较为亲密的关系，耕地离住宅也比较近，因此，不愿意搬离原住宅地太远。68.53%的村民能够接受其他受灾群众在此安置，仅 17.26%的村民表示不愿接受。65.64%的村民对外来灾民的来源没有要求，29.75%的村民希望接受本镇（乡）内的受灾群众。这与他们村组内长期形成的合作关系、生活习惯等有关，担心与外来人员不能很好地合作、相处、共同生活。

2. 住房面积、建筑形式与建筑材料

调查结果见表 2-1-7～表 2-1-13 及图 2-1-22～图 2-1-28。

"宅基地面积"的调查结果　表 2-1-7

问题:重建时如需重新划定宅基地,每户所需宅基地面积	统计数量	比例(%)
2 分(约 135m²)及以下	21	10.66
2～3 分(约 200m²)	37	18.78
3～4 分(约 265m²)	40	20.30
4 分以上	99	50.26

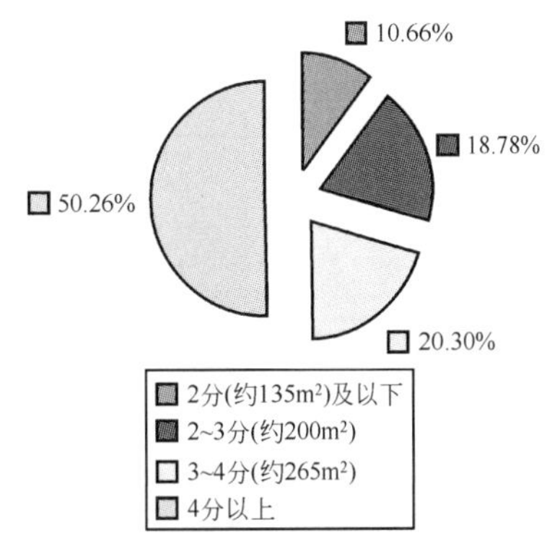

图 2-1-22 "宅基地面积"调查结果分布图

"建房面积"调查结果　表 2-1-8

问题:您认为每户比较合适的建房面积	统计数量	比例(%)
$120m^2$ 及以下	14	7.11
$120 \sim 140m^2$	68	34.52
$140m^2$ 以上	115	58.37

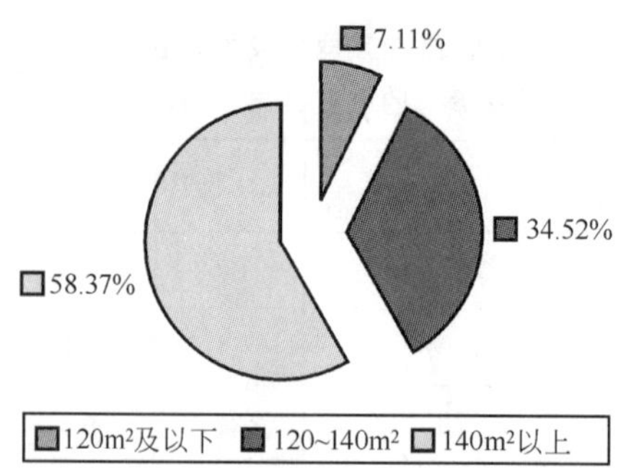

图 2-1-23 "建房面积"调查结果分布图

表 2-1-7 和表 2-1-8 及图 2-1-22 和图 2-1-23 显示，村民希望得到的宅基地面积、建房面积普遍偏大，20.30%的村民认为 3～4 分的宅基地比较合适，50.26%的村民认为 4 分以上的宅基地比较合适。关于建筑面积，58.37%的村民希望达到 $140m^2$ 以上，34.52%的村民希望有 $120 \sim 140m^2$。这是由他们的生产习惯决定的，他们需要较大的空间存放生产工具、储存粮食、养殖家禽牲畜等。重建时要注意尊重当地村民的生产习惯，尽量满足他们的生活空间要求。

"建房形式"调查结果　表 2-1-9

问题:您喜欢的建筑形式	统计数量	比例(%)
现代形式	176	89.34
传统/民族形式	21	10.66

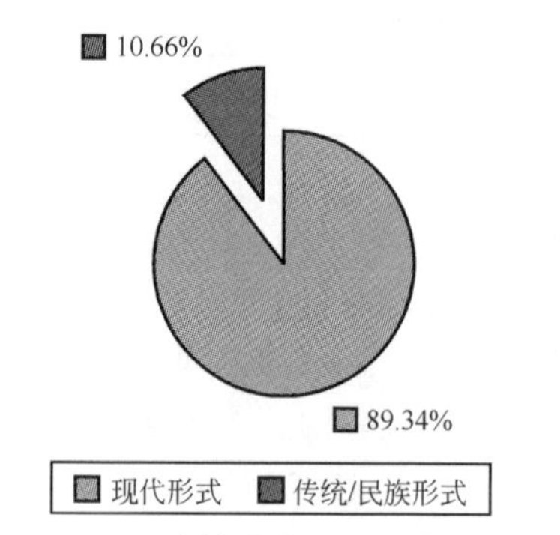

图 2-1-24　"建筑形式"调查结果分布图

"建房形式"调查结果　表 2-1-10

问题:您希望采用的结构形式	统计数量	比例(%)
框架结构	138	70.05
砖混结构	57	28.93
传统形式	2	1.02

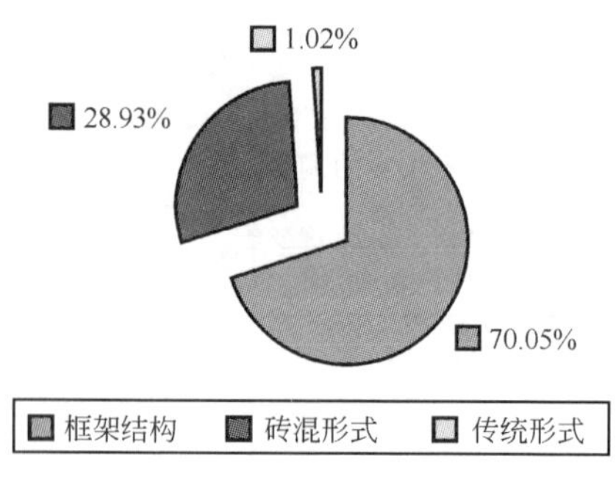

图 2-1-25　"结构形式"调查结果分布图

“传统结构选择”调查结果　表 2-1-11

问题:根据抗震、经济、环保等要求可采取传统结构形式时,您会优先考虑哪种	统计数量	比例(%)
传统木结构	122	61.93
黏泥夯筑	19	9.64
石砌	12	6.09
无	44	22.34

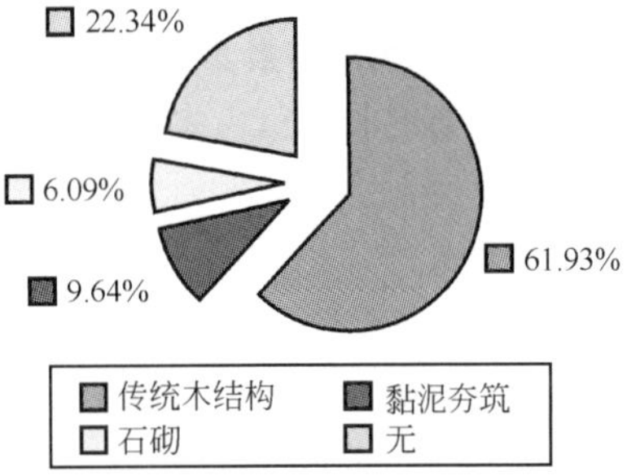

图 2-1-26　“传统结构选择”调查结果分布图

“建筑材料”调查结果　表 2-1-12

问题:您希望选用的建筑材料	统计数量	比例(%)
现代材料(钢筋混凝土、砖等)	184	93.40
传统地方材料	13	6.60

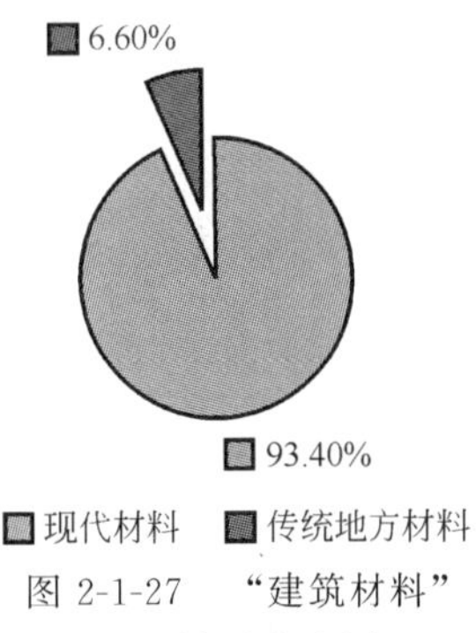

图 2-1-27　“建筑材料”调查结果分布图

“传统地方材料的选择”调查结果　表 2-1-13

问题:根据抗震、经济、环保等要求可采用传统地方材料时,您会优先考虑哪种	统计数量	比例(%)
木材	151	76.65
土	5	2.54
石材	16	8.12
无	25	12.69

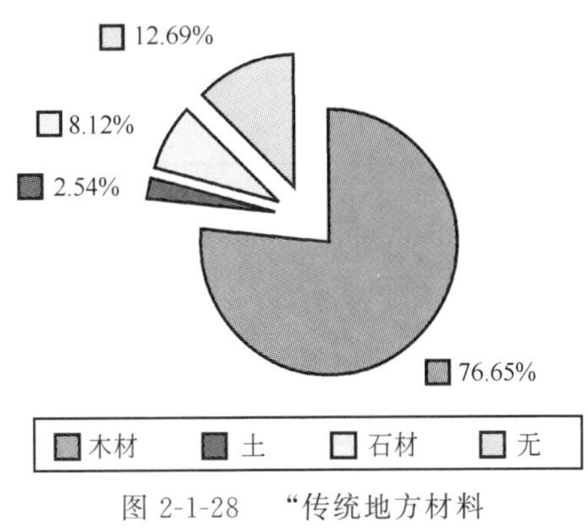

图 2-1-28　“传统地方材料的选择”调查结果分布图

调研发现，村民住宅多为小青瓦房，也有二层建筑，建筑材料多为地方传统材料——灰砂砖。大部分建筑砌体强度不高，砌筑方式不当。但由于当地自然情况较好，之前没遭遇过大的自然灾害，气候温暖，房屋只需要满足围护功能——遮风挡雨即可，不必考虑保温隔热的问题，只考虑满足居住要求。从表 2-1-9～表 2-1-13 及分布图可以看出，震后，村民的结构安全意识提高，从建筑形式、结构形式、建筑材料等方面村民普遍选择现代、框架、钢筋混凝土等抗震性能好的方式。70.05%选择框架结构，28.93%选择砖混结构，93.40%选择用现代材料建筑，还有部分村民仍然喜欢有传统特色的建筑，但在以前传统建筑的基础上要加强抗震措施。

3. 政府补助方式与自身能力

调查结果见表 2-1-14～表 2-1-17 及图 2-1-29～图 2-1-32。

“政府补助方式”调查结果　表 2-1-14

问题：您希望重建时得到的政府补助方式	统计数量	比例(%)
提供现金	23	11.68
统一建房	170	86.29
提供建筑材料	4	2.03

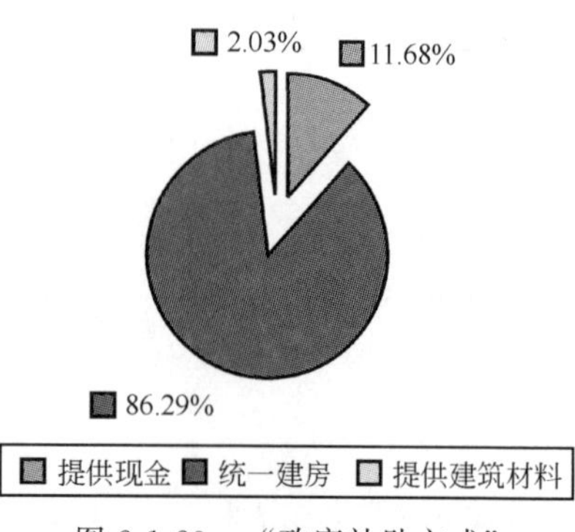

图 2-1-29　“政府补助方式”调查结果分布图

“能否接受小额贷款方式”调查结果　表 2-1-15

问题：您能否接受小额贷款方式筹措部分建房资金	统计数量	比例(%)
接受	58	29.44
不接受	111	56.35
无所谓	28	14.21

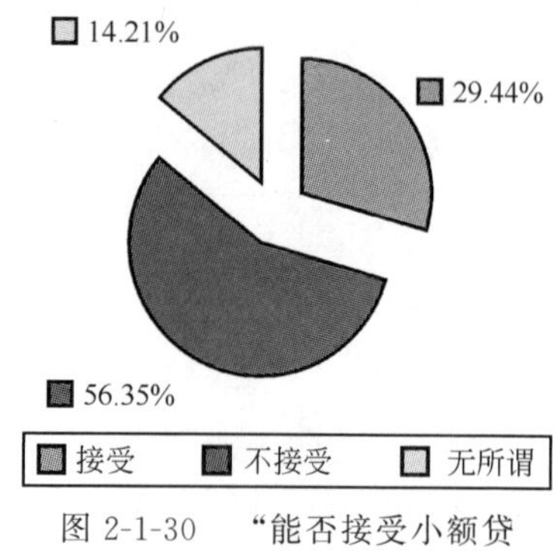

图 2-1-30　“能否接受小额贷款方式”调查结果分布图

“建房的土建费用”调查结果　表 2-1-16

问题：往常情况下建房花费的土建费用	统计数量	比例(%)
2 万元以下	8	4.06
2 万～4 万元	53	26.90
4 万元以上	136	69.04

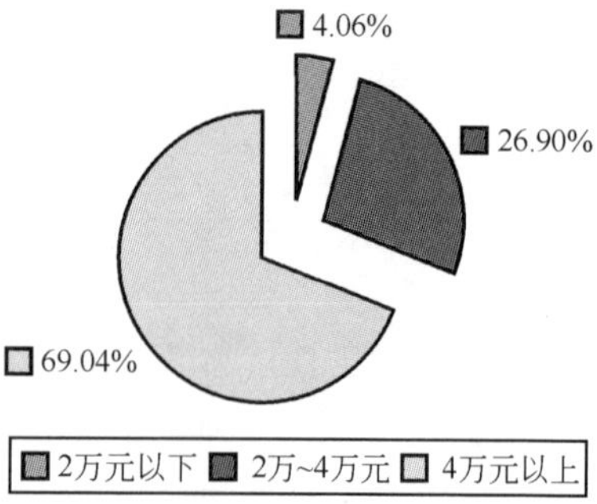

图 2-1-31　“建房的土建费用”调查结果分布图

“能自筹的修缮或重建资金”调查结果　表 2-1-17

问题：您家庭能够自筹的修缮或重建住房资金	统计数量	比例(%)
5000 元及以下	149	75.63
5000～1000 元	33	16.75
1 万～2 万元	10	5.08
2 万元及以上	5	2.54

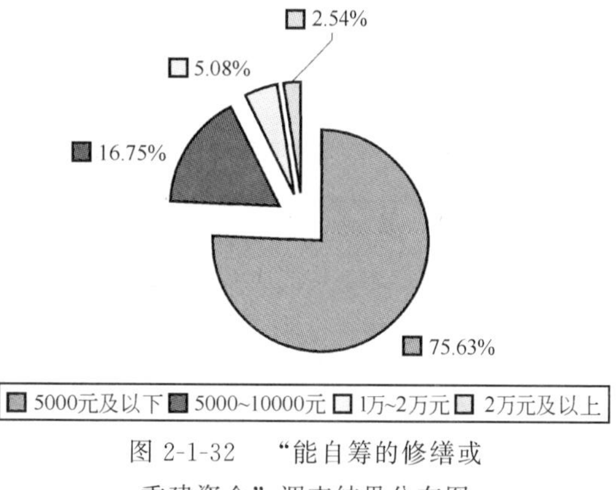

图 2-1-32　“能自筹的修缮或重建资金”调查结果分布图

调查发现，11.68%的村民愿意接受现金补助，86.29%的村民希望政府统一建房。29.44%的村民能够接受贷款进行重建；56.35%的村民不愿意贷款，认为没有偿还能力。而村民自筹资金普遍较少，甚至没有，75.63%的村民认为可筹资金为5000元及以下。这与他们的生活习惯有关。我们观察到，家具、电器等大部分村民家庭均具备。收入来源主要靠耕地、种植猕猴桃、核桃及药材等经济作物，年收入达1万～2万元。但是大部分村民习惯于即挣即花，年终不结余。因此，重建时自己拿不出钱，不愿意接受贷款。

4. 重建组织方式

调查结果见表 2-1-18～表 2-1-21 及图 2-1-33～图 2-1-36。

“住宅重建方式”调查结果　表 2-1-18

问题：您希望的住房重建建设方式	统计数量	比例(%)
自建	28	14.21
政府统一组织建设	169	85.79

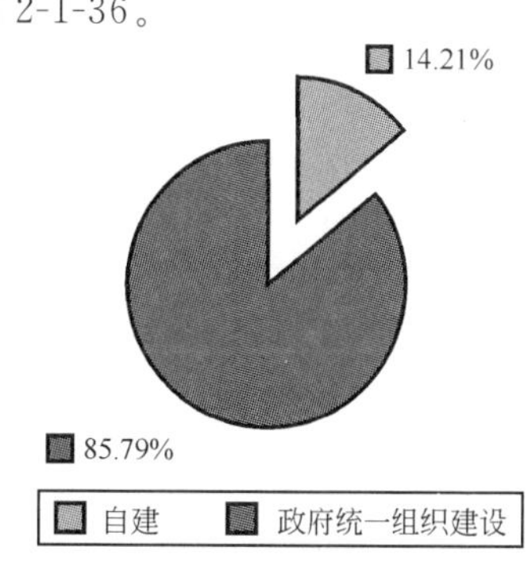

图 2-1-33　“住宅重建方式”调查结果分布图

“是否需要提供标准、规范、图集”调查结果　表 2-1-19

问题：重建时是否需要政府提供农房重建的标准规范、示范图集	统计数量	比例(%)
需要	186	92.89
不需要	1	0.51
可有可无	113	6.60

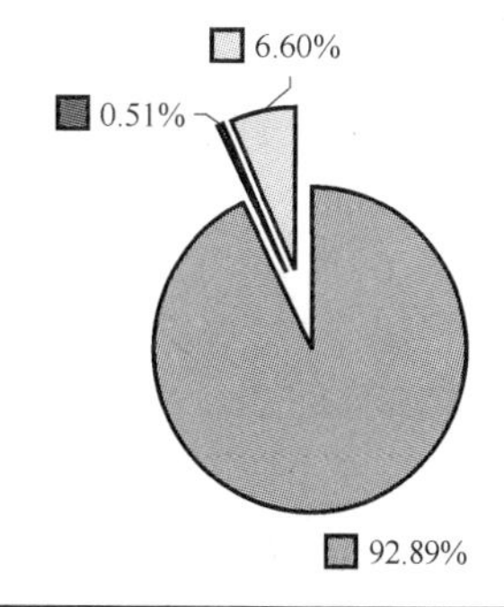

图 2-1-34　“是否需要提供标准、规范、图集”调查结果分布图

“是否需要专业人员的现场指导”调查结果　表 2-1-20

问题:修缮或重建房屋时是否希望得到专业技术人员的现场指导	统计数量	比例(%)
需要	190	96.45
不需要	2	1.01
无所谓	5	2.54

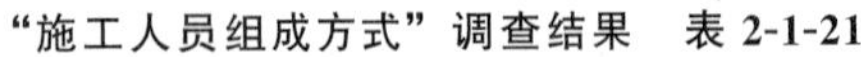

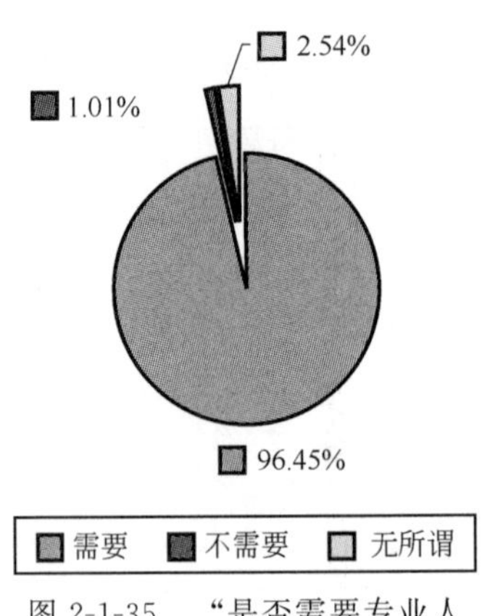

图 2-1-35　“是否需要专业人员的现场指导”调查结果分布图

“施工人员组成方式”调查结果　表 2-1-21

问题:修缮或重建房屋时希望的施工人员组成方式	统计数量	比例(%)
技术人员指导自己家人或朋友	23	11.68
本地工匠	19	9.64
政府指派的施工队	166	78.68

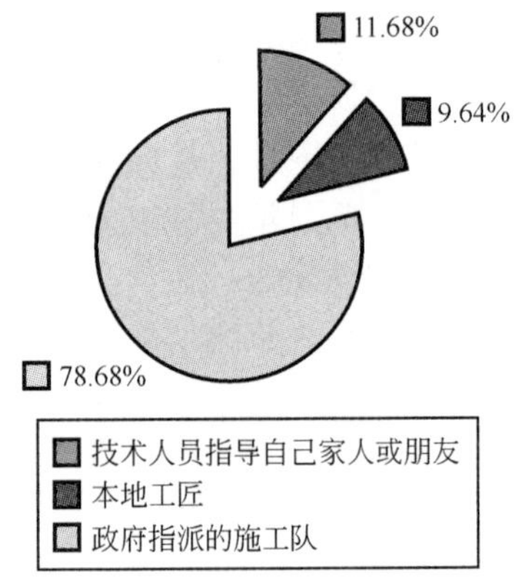

图 2-1-36　“施工人员组成方式”调查结果分布图

表 2-1-18～表 2-1-21 及相关分布图数据显示，85.79%的村民希望政府统一组织建设；92.89%的村民认为需要政府提供农房重建的标准规范、示范图集；96.45%的村民希望重建房屋时得到专业技术人员的现场指导；78.68%的村民希望施工人员组成为政府指派的施工队。可以看出村民急切得到可以保证建房质量的措施。

1.3.2　农村建设规划表数据分析

1. 鹿池村

该村共 6 个组，居民 203 户，震前总人口数 810 人，震后为 800 人，伤亡百分比为 1.23%。房屋倒塌 201 户，合计 1195 间，一般性破坏 2 户，共计 11 间，房屋倒塌间数百分比为 99.09%。关于灾后重建意愿，均选择省内安置，其中村内集中安置 203 户，即 100%选择村内集中安置。该村饮用水源为山泉水，通过各家各户或几家联合的形式铺设管道引水入户。没有对生活垃圾进行集中处理，基础设施条件比较差。

2. 石碑村

该村原有 6 个村民小组，后与花龙村合并，现在共 11 个组，1～6 组为原石碑村村民，7～11 组为原花龙村村民。共调查了 10 个组，居民 335 户，震前总人口数 1362 人，震后为 1320 人，伤亡百分比为 3.08%。房屋倒塌 264 户，合计 1298 间，严重破坏 28 户，共计 112 间，轻微破坏 42 户，共 168 间。关于灾后重建意愿，均选择村内集中安置。该村饮用水源主要为山泉水，通过各家各户或几家联合的形式铺设管道引水入户，其中第 11 组有水源一处。没有对生活垃圾进行集中处理，基础设施条件比较差。1～6 组现住地西侧山坡后正在建设都江堰市的垃圾填埋场，村民对将来的环境污染问题非常担心，尤其是饮水问题。希望借此规划机会搬离垃圾填埋场，避开污染源。

3. 龙竹村

该村共 7 个组，居民 199 户，震前总人口数 843 人，震后为 826 人，伤亡百分比为 2.02%。房屋倒塌 148 户，合计 1155 间，严重破坏 51 户，共计 561 间，房屋倒塌间数百分比为 67.3%。关于灾后重建意愿，均选择省内安置，其中原址重建 93 户，村内集中安置 106 户。该村饮用水源为山泉水，通过各家各户或几家联合的形式铺设管道引水入户。没有对生活垃圾进行集中处理，基础设施条件比较差。

4. 石瓮村

该村共 9 个组，居民 256 户，震前总人口数 939 人，震后为 921 人，伤亡百分比为 1.91%。房屋倒塌 254 户，合计 2088 间，严重破坏 2 户，共计 20 间，房屋倒塌间数百分比为 99.09%。关于灾后重建意愿，均选择省内安置，其中原址重建 47 户，村内集中安置 209 户。该村饮用水源为山泉水，通过各家各户或几家联合的形式铺设管道引水入户。没有对生活垃圾进行集中处理，基础设施条件比较差。部分住户居住在山坡上，震后引起频繁山体滑坡，住宅地基沉陷，村民希望可搬至安全的安置点。

5. 海虹村

该村共 7 个组，居民 228 户，震前总人口数 893 人，震后为 869 人，伤亡百分比为 2.69%。房屋倒塌 198 户，合计 2011 间，严重破坏 30 户，共计 236 间，房屋倒塌间数百分比为 89.49%。关于灾后重建意愿，均选择省内安置，100%选择村内集中安置。该村饮用水源为山泉水，通过各家各户或几家联合的形式铺设管道引水入户，其中 2 组、6 组各有水源一处。没有对生活垃圾进行集中处理，基础设施条件比较差。

6. 茶房村

该村共 6 个组，居民 186 户，震前总人口数 643 人，震后为 613 人，伤亡百分比为 4.7%。房屋倒塌 68 户，合计 425 间，严重破坏 118 户，共计 969 间，房屋倒塌间数百分比为 30.5%。关于灾后重建意愿，均选择省内安置，其中原址重建 2 户，村内集中安置 139 户。该村饮用水源为山泉水，通过各家各户或几家联合的形式铺设管道引水入户。没有对生活垃圾进行集中处理，基础设施条件比较差。村民均以耕地为生，基本没有经济作物以及其他副业，另外还靠外出打工增加收入。

7. 棋盘村

该村共 7 个组，居民 245 户，震前总人口数 795 人，震后为 766 人，伤亡百分比为 3.65%。房屋倒塌 238 户，合计 1020 间，一般破坏 3 户，共计 18 间，轻微破坏 3 户，共计 32 间。房屋倒塌间数百分比为 95.3%。关于灾后重建意愿，均选择省内安置，且 100%选择村内集中安置。该村饮用水源为山泉水，通过各家各户或几家联合的形式铺设管道引水入户。没有对生活垃圾进行集中处理，基础设施条件比较差。该村已经作为都江堰灾后重建试点村开始进行规划，开展集中安置，西南交通大学的专家已经开始勘测选址，初步选定了安置地点，按每人 35m² 的面积进行安置。大部分村民均已签字同意，但有部分村民认为安置点距离农田较远、生产生活不便、原来地基无损坏，不同意搬至集中安置点，希望能够在原地重建。

8. 莲月村

该村共 13 个组，居民 350 户，震前总人口数 1389 人，震后为 1345 人，伤亡百分比为 3.17%。房屋倒塌 237 户，合计 2035 间，严重破坏 113 户，共计 897 间，房屋倒塌间数百分比为 69.4%。关于灾后重建意愿，均选择省内安置，其中原址重建 9 户，村内集中安置 325 户，省内城镇化安置 4 户。该村饮用水源为山泉水和地表浅井，共有水井 283 眼，给水设施 1 处，通过各家各户或几家联合的形式铺设管道引水入户。没有对生活垃圾进行集中处理，基础设施条件比较差。

1.4 灾后重建中存在的问题与建议

1.4.1 存在的问题

（1）灾民的住宅及地基多为几代相传，且邻居间、村组间已在长期的生产、生活中形成较为亲密的关系，很多人担心到了异地，没有土地等生产资料难以维生，没有亲戚朋友难以和别人沟通，因此表示不愿意离开原址。另外，在调查中发现，向峨乡植被茂密，气候温和，水源充足，物产丰富，村民维持生计相对来说不太难；但是由于运输不便，交通不畅，经济不发达，农民手中积蓄不多，抵抗风险的能力相对较差。

（2）由于多数村民原有住宅面积较大，很多村民担心重新规划尤其是集中安置后，住宅面积较以前会大幅度减少，家中住房不够分配，生产生活不便。同时院落面积减少，会影响到家畜养殖等。

（3）多数村民的耕地原来就在住宅附近，重新安置后，担心距离田地过远，不能及时有效地加以照顾。因此，只要居住地未发生地质灾害的，大多不愿搬迁。以棋盘村 3 组居民最为明显。在调查时，棋盘村已做出了安置计划，并选定了安置点，其他村民都已签字同意了政府制定的安置方案，但 3 组的村民不愿搬迁，希望在原地重建。

（4）部分村民认为搬迁后现有建筑资源将浪费，倒塌房屋中的砖、木等材料不能够重复利用，希望政府能够出面组织收购这些废旧材料。图 2-1-37 为倒塌房屋中的建筑材料。

图 2-1-37 倒塌房屋中的建筑材料（一）

图 2-1-37 倒塌房屋中的建筑材料（二）

（5）此次地震，向峨乡房屋倒塌、损毁 95%以上，经调查，主要原因为以下几点：

1）材料选用不当

很多倒塌房屋的墙体，采用当地产的灰砂砖砌筑，砂浆以石灰砂浆为主，部分砌体砂浆会掺有少量水泥，但无论砖或砂浆，强度均较低，因此日常使用虽勉强能够满足要求，但遇到地震等灾害时，墙体容易受剪破坏。此外，本身强度不高的灰砂砖质量参差不齐，更削弱了其抗震性。如图 2-1-38 和图 2-1-39 所示。

图 2-1-38 灰砂砖砌筑房屋破坏情况

图 2-1-39 砂浆强度不足

2）组砌不当

所检查的民居，均为半砖墙砌筑（包括所采用烧结砖的房屋），墙体高度又过高（山墙最低处普遍在 3m 以上），墙体的稳定性无保证。如图 2-1-40 和图 2-1-41 所示。

3）无抗震措施

凡倒塌及严重破坏的民居，均未设置圈梁，所有走访的民居中，无论受灾严重与否，均未设置构造柱。如图 2-1-42 和图 2-1-43 所示。

（6）一些村民对过渡房在住宅上的建设持否定态度，认为可以自行良好过渡，过渡房的投资在一定程度上属于重复投资，可将这部分投资投入到安置房中。急切希望尽快进行安置房的建设，争取能尽快入住。

图 2-1-40　房屋半砖墙体破坏情况

图 2-1-41　灰砂砖半砖墙体破坏情况

图 2-1-42　无构造柱墙角破坏情况（一）

图 2-1-43　无构造柱墙角破坏情况（二）

（7）部分村民采取消极观望的态度，一切等着政府和外援，对自己的能力丧失信心，依赖心理较强，不能积极地开展自救。

（8）村内的垃圾、污水处理设施不足，尽管当地环境自净能力较强，但长期下去，也会对饮水、生活环境等造成影响。

1.4.2　建议

（1）集中规划、统一标准、规范实施、确保质量

1）集中规划可考虑两种方案：一种方案是按村民现有基地重建，这样既可以照顾村民的传统利益需求，又可以保持四川山区的典型民风；另一种方案是按目前地方政府集中安置点的规划，但不宜过于集中。可让大部分村民进安置点，而耕地偏远的住户，可考虑原地重建。集中安置点应充分考虑村民种植、养殖和生活习惯的场地需求。

2）对集中安置点的建设应统一建设标准，包括结构形式、面积和设防标准等方面。在展示新农村风貌的同时，切实改善灾区人民的生活条件，尽量保持传统的建筑风格。

3）通过全过程监督控制确保工程质量，应充分发挥灾后重建综合质量监督工作组、工程监理、地方质量监督站和业主代表的监控职能，全过程跟踪。

4）民居均应考虑采用机制砖砌筑，承重墙、主要围护结构均应采用 240mm 以上砖墙砌筑。墙体应设置圈梁，构造柱可酌情加设（参考现行规范）。

5）政府应针对当地的实际情况，以及当地资源的实际情况，采用优秀设计、推荐设计等方式，将既能发挥当地资源优势（地方材料），又能满足安全要求、环保要求的建筑结构形式推荐给村民。

（2）对危房集中清理，分类使用、科学填埋

建议危房统一清理。在清理过程中，对现有的建材、钢筋、木材以及砖石料进行集中分类，统一存放，科学利用。如砖石料可用作铺设村间（组间）小路，部分混凝土块可作为基础铺砌材料，破碎瓦片可作为场院铺砌基层材料，最大限度地原地吸收。剩余废弃物采用科学的填埋方式，不影响植被，不损坏耕地。无论是新规划集中安置点还是原地重建，均应对废弃建筑垃圾进行彻底清理，保护环境，充分利用资源。

（3）景区复建，科学规划，提升层次

景区建设在恢复原貌的主体原则下科学规划，实现人居环境与自然资源的和谐统一。当地莲花湖风景秀丽，空气清新，环境怡人，应充分利用资源，综合开发，形成旅游景点，同时促进向峨乡旅游业的发展。

（4）做好生活垃圾的集中处理和废水、污水排放的规划建设工作

目前山区的生活垃圾自然堆弃，生活污水也是自由排放，在很大程度上污染了景区环境。尤其是村民普遍饮用泉水，采用一般的沟渠输送，生活污水很容易引起饮用水源被污染和破坏。建议根据山区特点设置垃圾存放点并集中规划垃圾填埋点，污水排放应有过滤和沉淀设施，尤其要避免直接排入河道。

（5）有效调整产业结构，改善村民经济状况

充分利用当地资源，综合提高经济效益。规划成片经济作物种植区，并进行相关技术指导，发展相应农产品的深加工，使其发挥规模效益，形成产业链，同时促进旅游业发展。由于地质形成的特色，当地随处可见花岗岩和玄武岩等卵石，其表面平整，石纹精美，石质坚硬，色彩鲜明，稍作加工即为精美工艺品。如安装木质底座，钻孔切底作为笔筒等简单加工即可使其升值，如果抓住市场机遇，可形成产业；利用毛竹生长快的特点，可进行深层次开发，如竹编、竹炭、竹工艺品等形成综合开发利用体系；当地植被发育雨水充足、土壤肥沃，可引进合适的经济作物、药物和水果等；也可利用自然条件引进速生林木品种，还可以利用竹、藤等植株进行建材加工，如水泥木丝板、竹胶板、高密竹纤板等。

第2章 什邡市红白镇灾后重建农村建设规划调查报告

2.1 调查工作概况

2008年6月14日至6月18日，什邡调查组对四川省汶川地震灾后重建农村建设规划及农民重建意愿进行调查。小组对什邡市红白镇6个自然村38个村小组受灾情况及灾后重建规划相关指标进行了典型调查。并对什邡市红白镇的农民重建意愿作随机入户调查，共收回有效调查问卷303份。回收调查问卷的基本情况见表2-2-1。

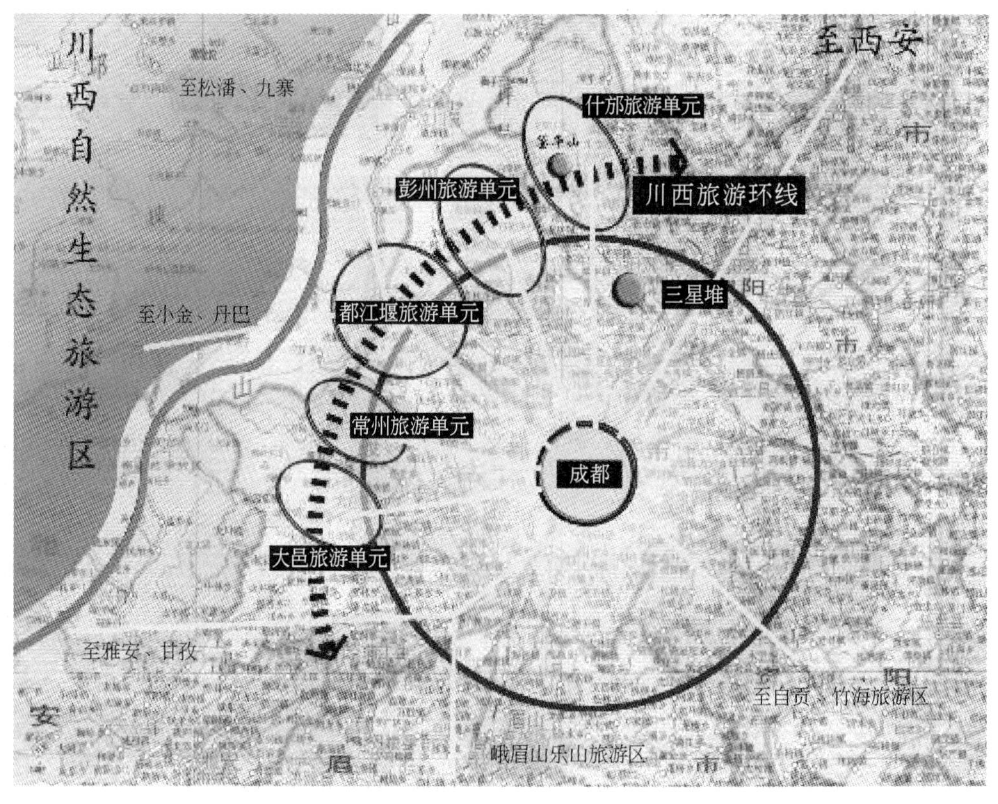

图2-2-1 复合型旅游目的地图

回收调查问卷基本情况 表 2-2-1

日期	村名	份数	合计份数	总计份数
2008 年 6 月 15 日	木瓜坪	48	139	242
	红白村	48		
	柿子坪	43		
2008 年 6 月 16 日	五桂坪	39	103	
	峡马口	24		
	松林村	40		

什邡市是成都市近距离集生态旅游、休闲度假、运动体验、古蜀探源、佛教禅修为一体的复合型旅游目的地（见图 2-2-1），也是成都平原经济区的重要组成部分（见图 2-2-2）。全市地质灾害的分布见图 2-2-3。

红白镇距离什邡市区约 20km，地理坐标：东经 103°01′22.9″～104°01′42.2″；北纬 31°22′11.2″～31°22′45.9″。红白镇位于四川盆地西北部成都平原与龙门山脉的连接地带，处于石亭江右岸，西侧与彭州相交，北侧与茂县相邻，东侧与绵竹市隔河相望，下辖峡马口村、木瓜坪村、松林村、五桂坪村、柿子坪村等六个村（见图 2-2-4）。

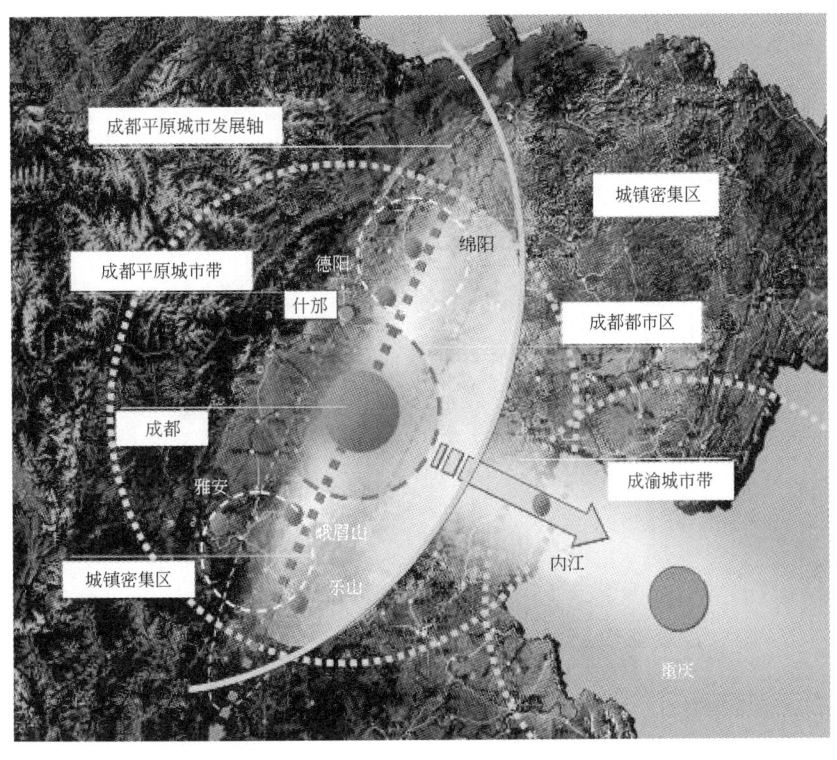

图 2-2-2 经济区主要组成部分地图

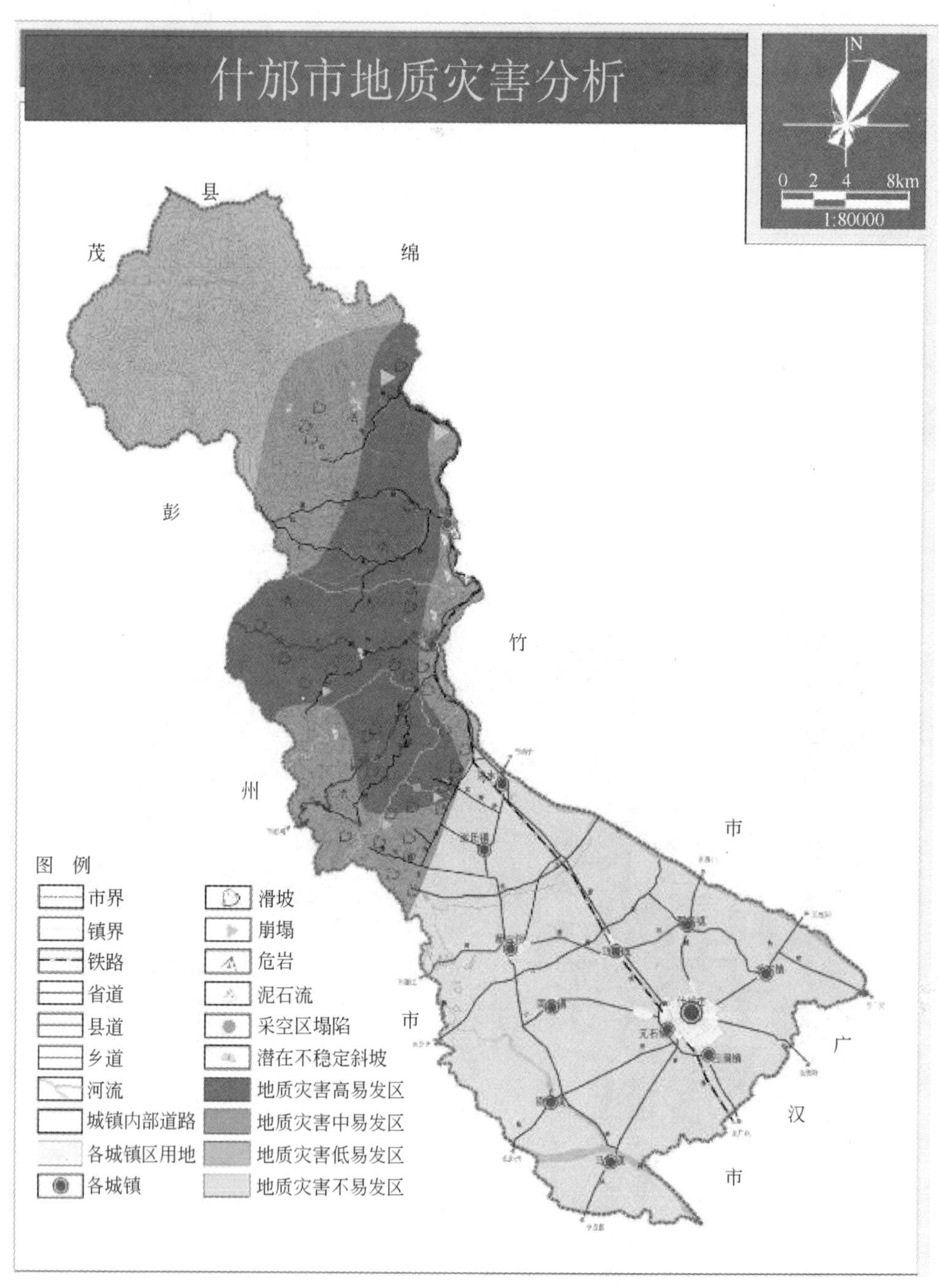

图 2-2-3 全市地质灾害分布图

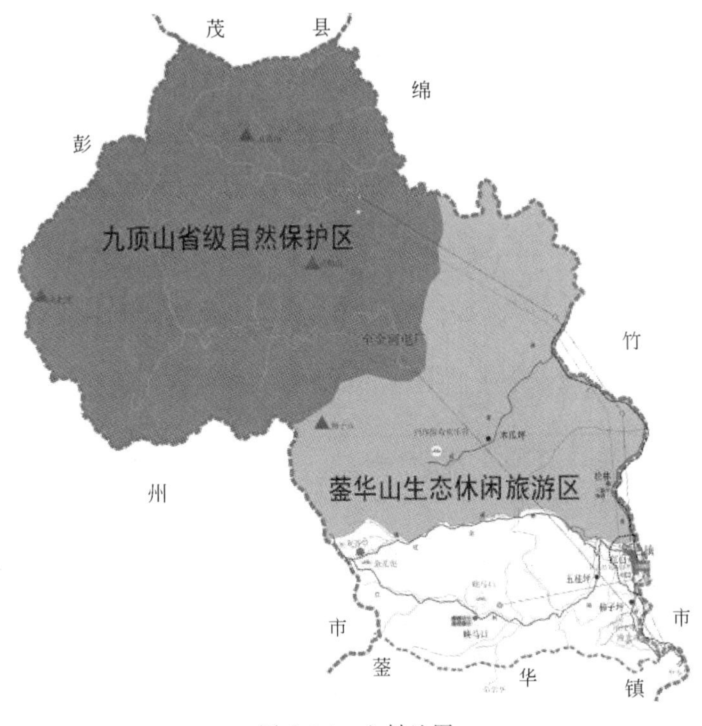

图 2-2-4　六村地图

2.2　红白镇基本情况

2.2.1　自然地理概况

红白镇位于什邡市西北部，距离什邡市约 20km，地理坐标：东经 103°01′22.9″～104°01′42.2″；北纬 31°22′11.2″～31°22′45.9，在成都平原与龙门山脉的连接地带，东与绵竹市隔河相望，西北与茂汶羌族自治县接壤，西南与彭州市相连。

红白镇属亚热带湿润季风气候，气候垂直分带明显，具有气候温湿、雨量充沛、四季分明的特点。春季冷空气活动频繁；夏季多暴雨；秋季气温下降快；多连绵阴雨；冬季长，气温低，日照少，常有低温、冰雹等自然灾害发生。

红白镇多年平均气温 13.6℃，年最冷月为 1 月，平均气温为 3.7℃，极端最低气温为 −8℃（1984 年）；最热月为 7—8 月，月平均气温为 23℃，极端最高气温为 35.5℃（1996 年）。红白镇多年平均降雨量为 938.95mm，最高年降雨量为 1259.5mm，最低年降雨量为 529.1mm，每年降雨多集中在 7—9 月，月最大降雨量为 518.0mm，出现在 7 月。山区丰富的降雨，为地质灾害的发生提供了强大的水动力条件，易形成地表侵蚀，同时也补充了地表水，易产生沟谷侵蚀。

红白镇水系属沱江水系，主要河流有石亭江，由北西流向南东。红白镇西侧斜坡发育有多条纵向季节性冲沟，雨时汇集降水流入石亭江中。

石亭江发源于轿顶山东麓，全长 122km，流域面积 2879km^2，红白镇内呈“U”字形河谷，河床比降较小，年均径流量 11.73m^3/s。

石亭江流量随季节变化较大，最小流量 2.45～3.00m^3/s，最大流量 1800～2200m^3/s，相差近千倍。降雨不均易导致红白镇内洪灾频发，泥石流活动，冲刷河岸形成坍岸。因此在发生大范围强降雨的情况下，发生山洪诱发的坍岸（岸坡滑塌）地质灾害的可能性较大，必须引起高度的重视。

2.2.2 社会经济概况

红白镇下辖峡马口村、木瓜坪村、松林村、五桂坪村、柿子坪村等 6 个村，38 个村民小组，1 个居委会，总面积 332.93km^2，总人口 30000 余人，其中常住人口 16912 人。红白镇旅游资源、矿产资源、水资源丰富（见图 2-2-5）。镇内有蓥华山、八卦顶、青牛沱、黑龙池、南天门、太子城佛光寺等风景名胜和前朝遗迹。煤矿、磷矿、水泥矿、花岗石是红白镇主要矿产，都具有开发价值。因为地处蓥华山麓，百姓主要是散居，耕地非常少，基本上没有水田，主要是旱地。农业收入只占 20%，旅游业和采矿业各占村民收入的 40%。

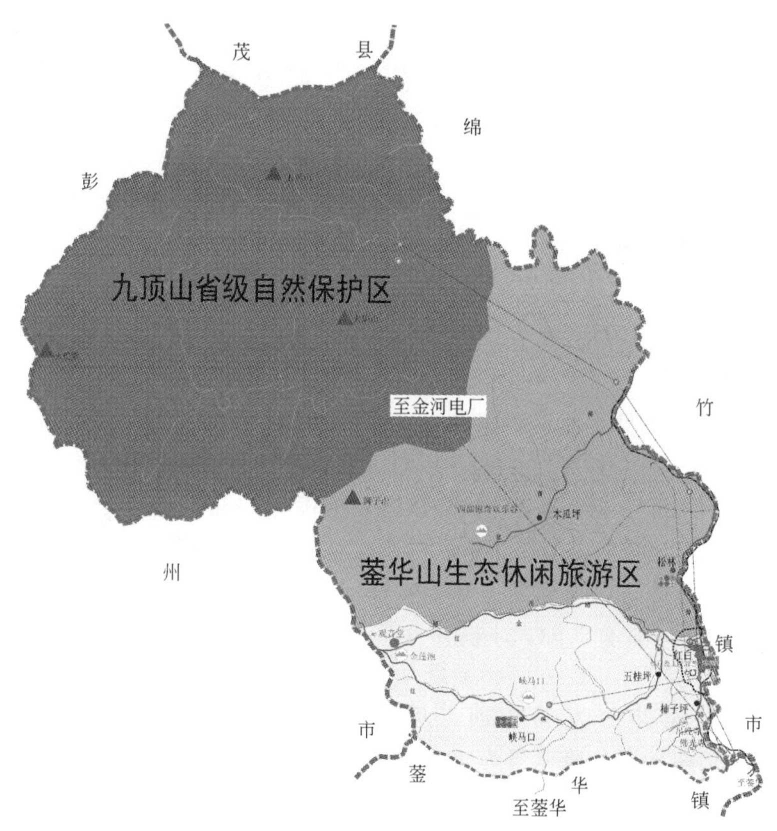

图 2-2-5 红白镇旅游、矿产、水资源分布图

2.2.3 红白镇受灾情况

红白镇距离震中汶川只有 71km，在地震中受到重创，人口损失较大，房屋和生产生

活用基础设施毁坏殆尽，旅游业和采矿业两大支柱产业均遭受毁灭性打击。红白镇6个行政村在地震中的人口损失和房屋受损情况如表2-2-2所示。

红白镇灾情汇总表　　表2-2-2

村名	村民小组数	人口		户数		房屋受损情况			
		震前	震后	震前	震后	倒塌	严重破坏	一般破坏	轻微破坏
木瓜坪村	8	943	853	324	319	318	7	0	7
红白村	4	699	670	238	238	237	0	0	1
柿子坪村	6	1497	1445	484	484	462	12	0	8
五桂坪村	6	1035	1002	323	321	323	0	0	0
峡马口村	7	1108	1078	343	343	306	37	0	0
松林村	7	1222	1133	394	387	363	27	0	0
合计	38	6504	6181	2106	2092	2009	83	0	16

2.2.4　区域经济状况

红白镇矿业资源丰富、旅游业发达、森林覆盖率大，区内磷矿、煤矿、石灰岩、白云石等矿产资源丰富，形成了以矿业、旅游业、木材及药材为主的三大支柱产业，区域经济发达。

红白镇境内山地发达，区内沟壑纵横，山高坡陡，高差大，经常受到滑坡、崩塌、泥石流等地质灾害的威胁，居住环境极其恶劣，因此，位于红白镇及其周围较平缓的中山峡谷区成为人口集中居住地，现有居住人口约1.2万余人。

2.3　红白镇工程地质

2.3.1　地质环境条件

1. 地形地貌

（1）红白镇地形地貌

评估区位于龙门山中段前缘石亭江河流的阶地上，地势西高东低，最低处为石亭江830.9m，最高为蚂蟥山1210.9m，相对高差380m，属中山峡谷区。区内地貌形态类型为侵蚀—堆积地貌，属石亭江Ⅰ级阶地，阶地物质为现代河流松散堆积物。高差约50m，从上游向下游堆积物厚度逐渐变薄。

评估区内总体地形平坦，坡度3°～8°，最高标高约900m，由西向东逐渐变低。西侧斜坡由北往南坡度逐渐变缓，坡度31°～65°，坡向东，为反向坡；东侧石亭江岸坡坡度较陡（34°），为河床堆积形成，堆积物以下可见基岩（砂岩）。此外评估区偏东侧有广岳铁路通过，铁路基础系人工开挖，深度约7～10m，两侧人工边坡坡度约40°。评估区地形地貌概况见图2-2-6～图2-2-9。

图 2-2-6　西北侧陡斜坡

图 2-2-7　西南侧缓斜坡

图 2-2-8　平坦阶地

图 2-2-9　工程建设形成的边坡

另值得一提的是：在评估区南东侧岸坡以上，现为弃土堆积场地（堆弃地震毁损建筑物弃渣）。该弃土堆场基底较平，坡度约 5°，土堆顶面现状平坦。该人工堆积土体极其松散，随意继续堆放易导致岸坡失稳产生滑塌。

综上所述，评估区规划用地范围一带总体为平坦的河流阶地，阶地最高处约 900m，地形相对高差约 50m。

（2）红白镇各村地形地貌

评估区位于侵蚀—剥蚀缓坡地带以及河流Ⅰ级阶地上，地势相对平坦开阔，地形坡度以 5°～20°为主，相对高差较小。

2. 地层岩性

区内出露地层由新到老有第四系全新统和三叠系飞仙关组及须家河组地层。

区内第四系全新统主要有残坡积碎石土、冲洪积砂砾卵石土，其次为人工填土。

（1）残坡积碎石土由砂质泥岩、砂岩的风化产物组成，含较多碎石、角砾，松散—稍密，稍湿—潮湿。广泛分布于区内西侧斜坡、宽缓平台浅部，多为种植土，厚0.5～3.5m。

（2）冲洪积砂砾卵石土主要由砂砾卵石土组成，稍密—密实，稍湿—潮湿，土质不均，含细砂、细砾透镜体。区内冲洪积层厚度约 5～8m。

（3）人工填土主要为本次 5·12 地震震毁房屋清理时的弃渣；少量分布于红白镇局部低洼地带，为震前红白镇建设工程产生的弃土、弃渣及部分生活垃圾。厚度 0.5～5.0m，局部正在堆填，区域厚度仍在继续加厚。

2.3.2 构造与地震

1. 地质构造

评估区在区域上位于华夏构造体系龙门山褶皱带中段，经历了三叠系以后褶皱—逆冲推覆—滑脱等多层次、多期次构造作用。断裂多呈北东—南西向展布（见图 2-2-10）。区内主构造方向为北东—南西向。距评估区较近的断裂主要有北西侧的江油—灌县大断裂（F_2）、南东侧的红星煤矿断裂（F_3）：

（1）江油—灌县大断裂（F_2）：为逆断层，走向北东，倾向北西，倾角 60°～70°，北东起于唐家河，经岳家山、水磨沟、青牛沱，南东止于麻柳桥，其次级断裂十分发育，该断裂经过了金河磷矿矿区，破坏作用较大。5·12 地震时距震中较近，活动较强。

（2）红星煤矿断裂（F_3）：北东起于红白，经红星煤矿区，南东止于三交界处，逆断层，倾向南东，倾角 45°～55°，该断层经后期构造改造，表现为多期次、分布面积广、破碎作用强等特点。

江油—灌县大断裂（F_2）、红星煤矿断裂（F_3）相距 5～6km，为龙门山褶皱带的次级构造。多年来的地震活动表明龙门山褶皱带活动强烈，其活动形式主要表现为强烈的推覆作用，评估区地层倾向北西，倾角 30°～45°，地层倒转。因此位于其南东侧两次级断裂构造之间的红白镇区域稳定性较差。

2. 新构造运动与地震

评估区新构造运动强烈，以挤压抬升为主，河谷狭窄，切割较深，地形变化较大。

龙门山新构造活动常沿主干断裂发生。1958—1997 年有记载的 6～8 级地震有九次，弱震则常有发生。5·12 地震前普遍认为强震对评估区的影响裂度最高为Ⅵ～Ⅶ度，而区内断裂活动相对较弱，地震烈度为Ⅵ度，区域上相对稳定。据《中国地震动参数区划图》GB 18306—2001，本区抗震设防烈度为 7 度，设计基本地震加速度值为 0.10g，地震动反应谱特征周期值为 0.40s。

注：5·12 地震为 8.0 级，本区的地震基本烈度是否调整尚无专业部门做出结论。

2.3.3 岩土工程地质特征

根据岩土体类型、岩性组合及工程地质特性划分工程地质岩组，将评估区内工程地质岩组划分为：

1. 岩体工程地质类型

根据评估区内出露地层，主要岩性为坚硬的砂岩、碳酸岩，次要岩性为粉砂岩、泥岩、页岩。因此，将区内岩性地层分为两大类型。

（1）坚硬工程地质岩组：主要为砂岩、石英砂岩、白云岩、灰岩。主要物理力学指标（碳酸岩）：抗压强度＞100MPa，软化系数 70.7，坚固系数 10～20，多分布于北部高山区。

（2）软弱工程地质岩组：以粉砂岩、泥岩、页岩（包括磷矿煤）等为主，岩层结构软弱，遇水易风化、透水性好，抗压强度＜30MPa，软化系数＜0.5，坚固系数＞3，多分布于中低山区。

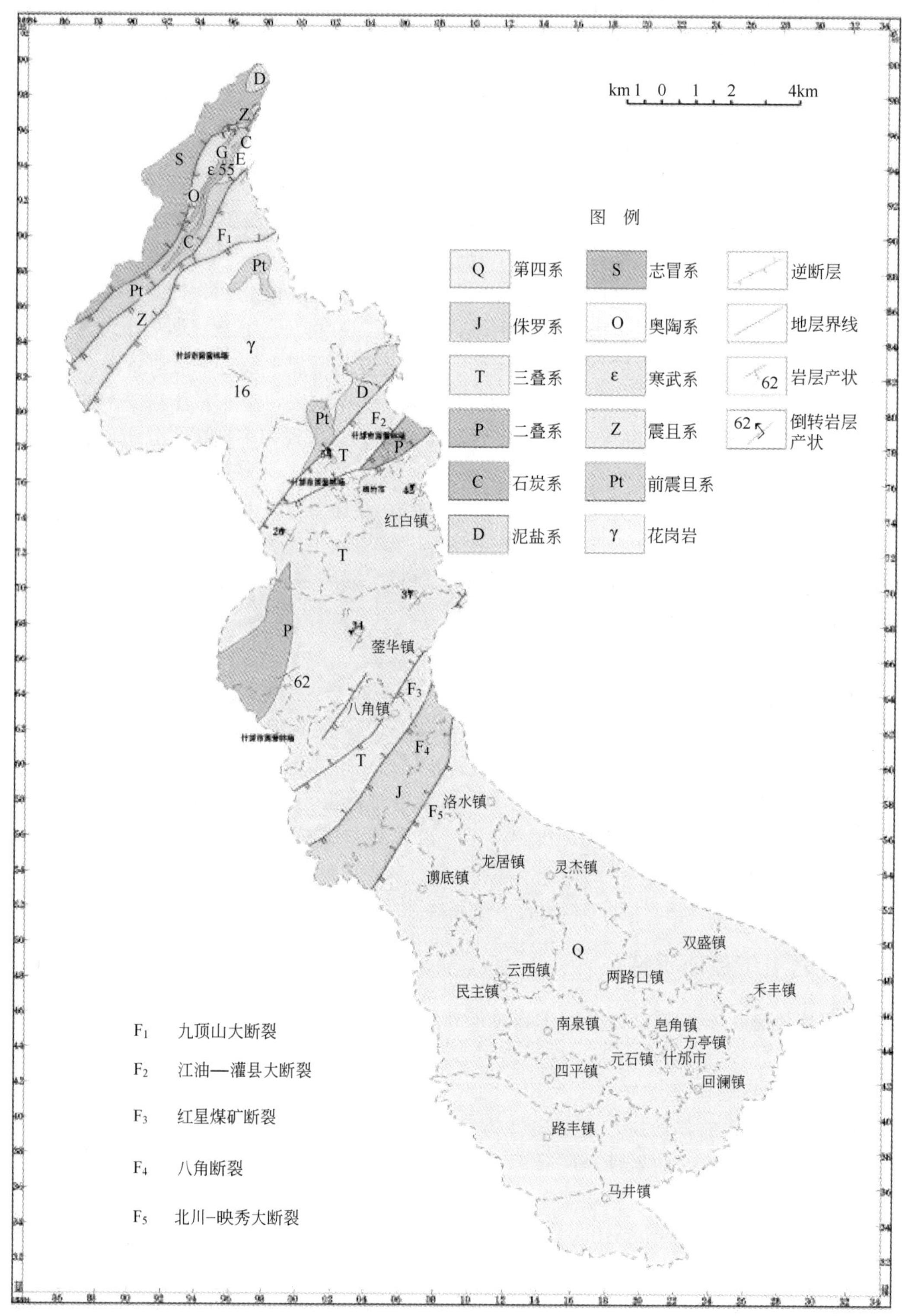

图 2-2-10 什邡市构造及地层分布图

2. 土体工程地质类型

根据成分结构及成因，可分为两种工程地质类型。

（1）河流冲洪积的砂砾卵石土

由阶地的砂卵砾石组成，土体结构松散，粒径大小不一，一般粒径10～20cm，卵砾含量＞70％，渗透性较好，主要分布在石亭江河流两侧及平坦台地碎石类土之下。

（2）碎石类土

由残坡积的岩块、碎石及少量的粉黏粒组成，结构松散、孔隙度较高、透水性较好，该类土沿下伏基岩面易产生滑动。主要分布于评估区斜坡上及平坦台地上。

2.3.4 地质灾害现状评估

红白镇评估区内仅发现崩塌及滑坡两种类型的地质灾害。其中，崩塌1处、滑坡3处，分别位于评估区西北角、东部。

1. 天车坡崩塌

天车坡崩塌位于红白镇北西侧，其下为红（白）峡（马口）公路及红白镇2栋3层砖混结构建筑物。5·12地震灾害发生后，天车坡产生了大量崩塌，并形成了新的危石。其后的余震也导致了崩塌的继续发展（见图2-2-11）。

体积约3000m^3，为5·12地震诱发的小型岸坡滑塌型滑坡。滑坡后缘发育1条平行于岸坡走向的拉张裂缝，缝宽20～30cm，错台高度约20cm，长度约30m，据此大致判断滑坡主滑方向196°，该滑坡为一土层滑坡。

图2-2-11 天车坡崩塌

天车坡发生整体崩塌的可能性较小，其破坏方式以零星的危岩单体崩塌或局部危岩带崩塌为主，其破坏过程为渐进发展的。受地震影响，危岩带内的主要危岩体现状欠稳定，单次降雨将造成危岩稳定性降低，反复降雨及长期风化作用会使危岩趋于不稳定。

天车坡崩塌产生后，存在两方面的危害：其一，崩塌堆积物造成公路堵塞、交通中断，影响其内居住村民的生产生活；其二，由于危岩带距居民区不远，两者之间的地形坡度较陡，崩塌块体可能在崩塌后向下运动至居民区处，威胁到当地居民的生命财产安全。

2. 滑坡

（1）红白电站滑坡

该滑坡位于什邡市红白镇东南角、石亭江右岸岸坡地带。滑坡主要由第四系松散堆积物冲洪积砂砾卵石土组成。第四系松散堆积物是由砂土、砾石、卵石等组成的冲洪积砂砾卵石土，土体结构松散—密实。体积约3000m^3，为5·12地震诱发的小型岸坡滑塌型滑坡（见图 2-2-12）。滑坡剪出口在岸坡坡脚处，水平位移与垂直位移均不大，整体性较好，滑体由冲洪积松散的砂砾卵石土组成，滑动面处于土层中，为土层密实度之松散与密实的分界处。

该滑坡由于地震震动产生的后缘裂缝（见图 2-2-13），坡体完整性受到破坏，目前滑坡处于蠕动变形阶段；在地表水灌入或洪水上涨后，坡体易饱水产生坍塌，形成浅层土体牵引式滑坡。

图 2-2-12　高陡斜坡

图 2-2-13　滑坡后缘拉裂缝

该滑坡体一旦产生滑动，将直接威胁红白电站的正常使用，并对重建后该处的建筑设施产生安全威胁。

（2）红白火车站滑坡

该滑坡位于什邡市红白镇中部火车站外侧石亭江右岸岸坡边，属中型浅层土质滑坡。滑坡主要由第四系松散堆积物冲洪积砂砾卵石土组成。第四系松散堆积物是由砂土、砾石、卵石等组成的冲洪积砂砾卵石土，土体结构松散—密实。滑坡纵向长度约 50m，横向宽度约 300m，滑体厚度 6～10m，体积约 10 万 m^3，为 5・12 地震诱发的中型牵引式滑坡。红白火车站的道班房已严重变形，危及广岳铁路的路基安全，该滑坡为一土层浅表牵引式滑坡。滑坡剪出口在坡脚处，均已发生少量的水平位移与垂直位移，整体稳定性差，滑体由冲洪积松散的砂砾卵石土组成，滑动面处于土层中，为土层密实度之松散与密实的分界处。该滑坡地震震动产生的后缘裂缝，致使坡体完整性受到破坏，目前滑坡处于蠕动变形阶段；在地表水灌入后，坡体易饱水产生坍塌，形成浅层土体牵引式滑坡。

该滑坡体一旦产生滑动，将破坏广岳铁路的路基，直接威胁广岳铁路的正常运行。

（3）红白镇小学滑坡（见图 2-2-14）

该滑坡位于什邡市红白镇小学东侧，属石亭江岸坡小型滑塌。滑坡主要由第四系松散堆积物冲洪积砂砾卵石土组成。第四系松散堆积物是由砂土、砾石、卵石等组成的冲洪积砂砾卵石土，土体结构松散—密实。滑坡纵向长度约 50～80m，横向宽度约 200m，滑体厚度 3～5m，体积约 48000m^3，为 5・12 地震诱发的小型岸坡滑塌型滑坡。

该滑坡体一旦产生滑动，将对拟建构筑物产生破坏。

3. 地裂（见图 2-2-15）

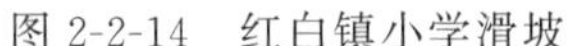

图 2-2-14　红白镇小学滑坡

图 2-2-15　峡马口村地裂缝

2.3.5　地质灾害危险性预测评估

1. 工程建设可能诱发地质灾害危险性评估

由于本次地震作用对存在临空面的岩（土）边坡、第四系松散堆积物斜坡等破坏作用相当大，而红白镇东侧多数为高度较大的岩土混合边坡，因此致使红白镇在灾后重建的工程活动中，可能诱发新的地质灾害。根据红白镇规划建设用地的地形地貌、灾后重建的特点，灾后重建的工程建设活动可能引起以下三种地质灾害：

（1）坡顶加载引起滑坡（塌）、崩塌

红白镇东侧主要由高度为 20～25m 的岩土混合边坡组成，坡度较陡，斜坡上覆土层主要为第四系冲洪积的卵石土，厚度约 8～10m，下伏三叠系须家河组砂岩，以反向坡和切向坡为主；在规划建设中，可能在边坡顶部进行建设，由于边坡岩土体在地震作用下，其物理力学性质已遭到一定程度的破坏，局部边坡可能在坡体内形成潜在滑面，边坡稳定性已降低，在暴雨工况下，在坡顶加载后可能诱发滑坡（塌）、崩塌等地质灾害，地质灾害危害程度中等，预测其地质灾害危险性中等。

（2）填方引起地面不均匀沉降

由于 5·12 地震造成红白镇 90%以上的房屋倒塌，产生大量的建筑垃圾和生活垃圾，在灾后重建过程中，对各种垃圾进行清除处理，不可避免地将进行填方作业，由于建筑垃圾主要以碎砖、瓦砾、木材以及生活垃圾为主，具有极不均匀性、大孔隙、不易压实等特点，因此在此填方地段进行工程建设时，可能诱发地面不均匀沉降，地质灾害危害程度小，预测地质灾害危险性小。

（3）堆积的建筑垃圾引起泥石流

由于红白镇四周主要水系为石亭江、通溪河、关通河，河谷深切，两岸坡度均较陡，且其汇水面积较大，在雨季具有流量大、速度快、冲击力大等特点，在灾后重建过程中，可能沿河谷两岸堆弃建筑垃圾，在洪水季节，可能受洪水影响而形成泥石流，地质灾害危害程度中等，预测地质灾害危险性中等。

2. 工程建设本身可能遭受地质灾害危险性评估

在红白镇规划建设用地范围及四周内，主要在场地东侧及东北角发育有少量规模较小的滑坡（塌）、崩塌等地质灾害，地质灾害不发育；场地原始地貌较平坦开阔，相对高差较小，约 5～8m；且灾后重建的一个显著特点，主要是在红白镇原有建筑物的基础上进行规划建设，适量向东侧石亭江一侧进行拓展。由于东侧主要是高度较大的岩土混合边坡，且在本次地震中边坡稳定程度已被削弱，其稳定性基本处于欠稳定—基本稳定状态，因此规划建设可能遭受滑坡（塌）、崩塌等地质灾害，地质灾害危害程度中等，预测地质灾害危险性中等。

2.3.6 地质灾害防治措施

为防止地质灾害的发生，减少地质灾害对灾后重建工程造成新的伤害，确保在工程建设中和建成后能正常使用，对可能诱发地质灾害的不良地段及不良工程活动采取相应的防治措施是十分必要的，针对本区存在及可能存在的地质灾害，提出以下防治措施：

1. 滑坡（塌）、崩塌的防治措施

针对红白镇东侧为高陡岩土混合边坡，西侧坡角可能进行切坡挖方，东北角为岩质陡坡，可能诱发滑坡（塌）、崩塌等地质灾害，因此，在工程建设前应对这些地段进行工程治理；建议对岩土混合边坡及挖方边坡，采用抗滑桩或抗滑挡土墙进行支护治理；对岩质边坡采用锚喷支护或护面墙进行封闭处理。

2. 建筑垃圾诱发地质灾害的防治措施

5·12 地震后，红白镇大量建筑倒塌，建筑垃圾多且杂，形成填方地基或集中堆积在地表形成泥石流的物源，可能诱发地面不均匀沉降或泥石流，建议将建筑垃圾进行分类，并用破碎机将垃圾进行粉碎处理，再利用破碎后的建筑垃圾作填料，进行分层压实处理。

2.4 红白镇调查问卷分析

2.4.1 村民安置问题

1. 村民安置方式与位置

根据对红白镇调查问卷的分析显示，有 79.15%的受访灾民希望原址重建，选择村外乡镇内重建的有 8.08%，选择乡镇外县内重建的有 5.11%，选择县外省内重建的有 1.7%，选择省外重建的有 1.28%，选择省内城镇化安置的有 4.68%，如表 2-2-3 和图 2-2-16 所示。

"安置方式与位置"调查结果　表 2-2-3

安置意愿	统计数量	比例(%)
原址重建	186	79.15
村外乡镇内重建	19	8.08
乡镇外县内重建	12	5.11
县外省内重建	4	1.70
省外重建	3	1.28
省内城镇化安置	11	4.68

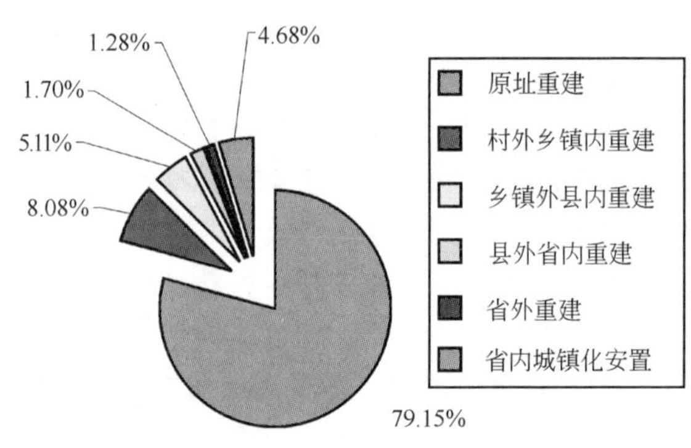

图 2-2-16 "安置方式与位置"调查结果分布图

2. 本组/本村内安置距离

有 70.31%的灾民选择 1km 以内安置，7.42%的灾民选择在 1～2km 范围内安置，5.68%的灾民选择在 2～3km 范围内安置，16.59%的灾民选择在 3km 以上范围内安置。如表 2-2-4 和图 2-2-17 所示。

“安置距离”调查结果　表 2-2-4

能够接受的与原址最远的距离	统计数量	比例(%)
1km 以内	161	70.31
1～2km	17	7.42
2～3km	13	5.68
3km 以上	38	16.59

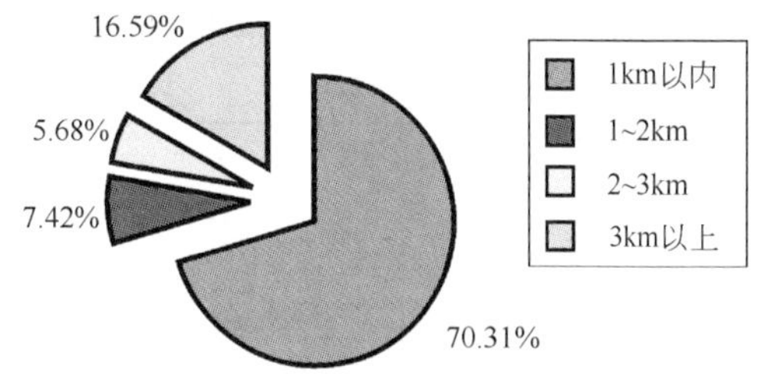

图 2-2-17　“安置距离”调查结果分布图

在调研中了解到了当地灾民目前的矛盾心理：一方面故土难离，不愿迁走，不少山区农民缺乏一技之长，就业能力薄弱，他们担心没有收入来源，长久生计没有保障，尤其年龄偏大的受灾群众对灾后生计问题非常忧虑。另一方面是村民的养老问题，很多年轻人其实不反对城镇化安置，他们只是不想离父母太远。即使由于地震原因，不能在原来的地方进行重建，也希望尽量在自己的乡镇内重建。

但是在重建过程中，适当的迁移是必需的。红白镇境内高山地貌发育，区内沟壑纵横，山高坡陡，高差大，经常受到滑坡、崩塌、泥石流等地质灾害的威胁，地震使很多山区农村已不适合人居住（见图 2-2-18 和图 2-2-19）。地震断裂带以及滑坡和泥石流等地质灾害多发地区在重建选址时应该避开。在选址上，一定要把地震断裂带弄清楚，重建时不能在断裂带上盖房子。同时对山体滑坡等地质灾害也要进行充分评估；还应该慎重考虑水资源环境和污染问题等因素。

图 2-2-18　从什邡市区到红白镇路上的滑坡山体

图 2-2-19　红白镇滑坡山体

政府在安置这些迁出受灾群众时，可参照我国的相应政策予以照顾，为他们提供必要的生产、生活资料。同时通过短期、长期培训让他们掌握基础就业技能，并通过多种渠道筹集工作岗位。解决生计问题后，相信很多人会打消外迁安置的顾虑。

3. 其他受灾地区群众在本村组安置

有 71.49％的受访者接受其他受灾地区群众在本村组内安置，9.36％的受访者不接受其他受灾地区群众在本村组内安置，19.15％的受访者持无所谓的态度。如表 2-2-5 和图 2-2-20 所示。

“是否接受其他受灾地区群众在本村组安置”调查结果　表 2-2-5

是否接受其他受灾地区群众在本村组安置	统计数量	比例（％）
接受	168	71.49
不接受	22	9.36
无所谓	45	19.15

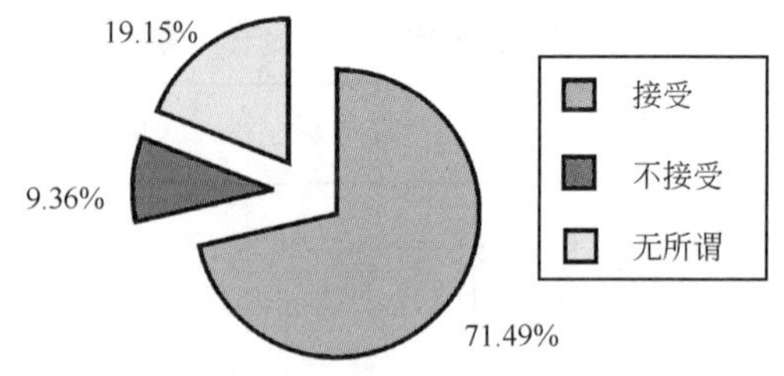

图 2-2-20 “是否接受其他受灾地区群众在本村组安置”调查结果分布图

4. 对安置到本村组灾民的来源问题

有 8.18％的受访者希望来本村安置的其他地区受灾群众来自行政村外本镇（乡）内；有 1.36％ 的受访者希望来本村安置的其他地区受灾群众来自镇（乡）外本县（市）内；有 0.91％的受访者希望来本村安置的其他地区受灾群众来自县（市）外；有 89.55％的受访者对其他地区受灾群众无要求。如表 2-2-6 和图 2-2-21 所示。

“对安置到本村组灾民的来源问题”调查结果　表 2-2-6

来源要求	统计数量	比例（％）
行政村外本镇（乡）内	18	8.18
镇（乡）外本县（市）内	3	1.36
县（市）外	2	0.91
无	197	89.55

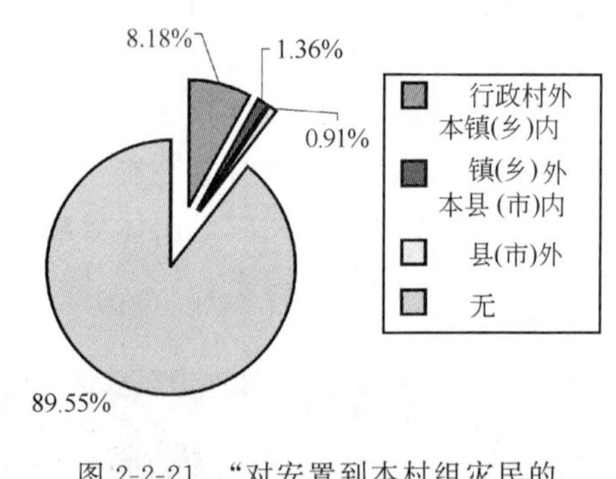

图 2-2-21 “对安置到本村组灾民的来源问题”调查结果分布图

绝大多数接受其他受灾地区群众在本村组安置的村民对灾民来源没有要求。因为红白镇都是汉族，调研中了解到，部分村民担心民族习惯不同，希望安置到本村组的受灾群众是汉族。

木瓜坪村是红白镇唯一需要整体迁出安置的村庄，由于山体滑坡，木瓜坪村已经全部被掩埋，需要另选址重建。目前所有村民已经被安置在镇政府驻地的帐篷内，见图 2-2-22～图 2-2-25。

2.4.2　住房面积、建筑形式与建筑材料

1. 每户所需宅基地面积

有 38.36％的受访者认为每户所需宅基地面积是 2 分及以下，42.67％的受访者选择 2～3 分，8.19％的受访者选择 3～4 分，10.78％的受访者选择 4 分以上。如表 2-2-7 和图 2-2-26 所示。

图 2-2-22 红白镇政府的帐篷办公室

图 2-2-23 木瓜坪村灾民安置点

图 2-2-24 红白镇峡马口村灾民在分领大米和面粉

图 2-2-25 红白镇政府驻地正在搭建的活动板房

“每户所需宅基地面积”调查结果 表 2-2-7

每户所需宅基地面积	统计数量	比例(%)
2 分(约 135m²)及以下	89	38.36
2～3 分(约 200m²)	99	42.67
3～4 分(约 265m²)	19	8.19
4 分以上	25	10.78

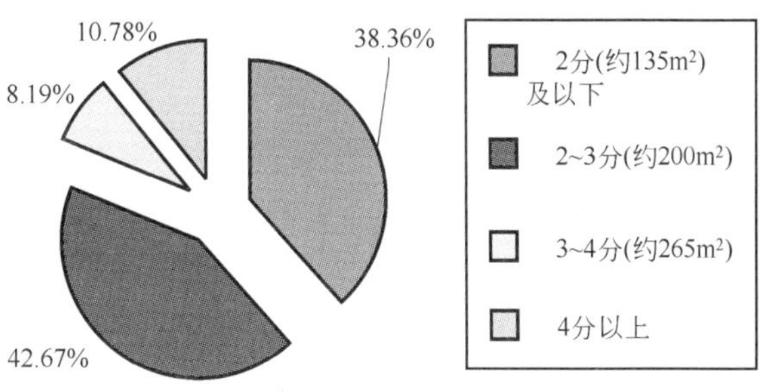

图 2-2-26 “每户所需宅基地面积”调查结果分布图

调查的村子中过半数的农户家里都有猪圈、鸡圈，因为大部分村民打算以后养一些家禽和牲畜。另外村民自己家的院子还有打场的功能，所以希望院子不要太小。进行农村宅基地规划时，应该把零乱分散的农村宅基地适当聚集、集中之后，在建设基础设施方面可以得到规模效应。同时还可以提高社会服务效率。

2. 认为比较合适的建房面积

有 45.06%的受访者认为 120m² 及以下是比较合适的建房面积，28.76%的受访者认为 120～140m² 比较合适，26.18%的受访者认为 140m² 以上比较合适。如表 2-2-8 和图 2-2-27 所示。

"合适的建房面积"调查结果　　表 2-2-8

每户比较合适的建房面积	统计数量	比例(%)
$120m^2$ 及以下	134	45.06
$120\sim140m^2$	81	28.76
$140m^2$ 及以上	79	26.18

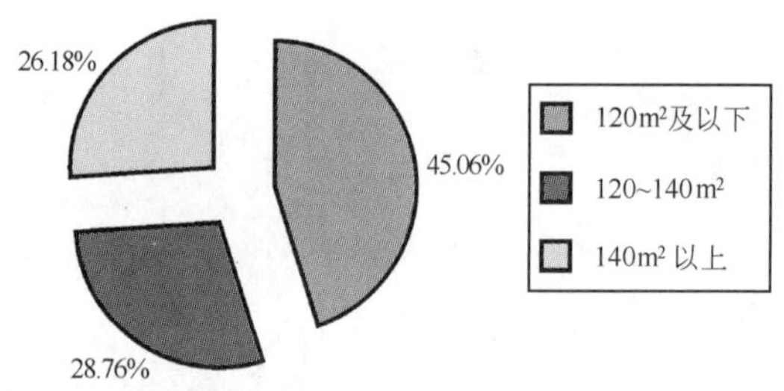

图 2-2-27　"合适的建房面积"调查结果分布图

农村的人均住房面积较大。被调查的很多家庭震前都有十几间、二十间房子，如果想恢复地震前的住房面积是不大可能的。调查中，很多人表示住房面积当然是越大越好，可是受灾的人太多了，小一点也行，有住的地方就可以了。大家一般选择住平房，但是从节约土地的角度考虑，建楼房也能接受。

3. 喜欢的建筑形式

77.78%的受访者选择现代形式，22.22%的受访者选择传统/民族形式。如表 2-2-9 和图 2-2-28 所示。

"喜欢的建筑形式"调查结果　　表 2-2-9

喜欢的建筑形式	统计数量	比例(%)
现代形式	168	77.78
传统/民族形式	48	22.22

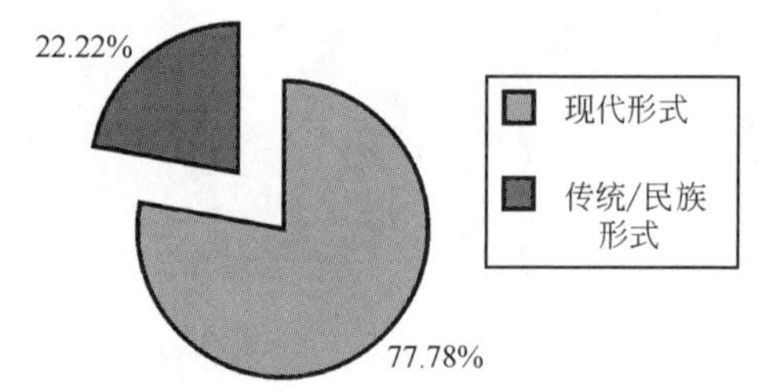

图 2-2-28　"喜欢的建筑形式"调查结果分布图

调查的村子中没有少数民族，村民都是汉族。另外，村民对川西民居、藏羌民居等传统民族的形式不了解。问村民喜欢何种建筑形式，绝大多数人都是想要以前那样的坡屋顶的瓦房（见图 2-2-29 和图 2-2-30）。

图 2-2-29　红白镇传统冷摊青瓦房

图 2-2-30　传统砖木结构房屋

4. 希望采用的结构形式

有 83.57%的受访者喜欢框架形式，9.39%的受访者选择砖混形式，7.04%的受访者选择传统形式。如表 2-2-10 和图 2-2-31 所示。

“希望采用的结构形式”调查结果 表 2-2-10

希望采用的结构形式	统计数量	比例(%)
框架形式	178	83.57
砖混形式	20	9.39
传统形式	15	7.04

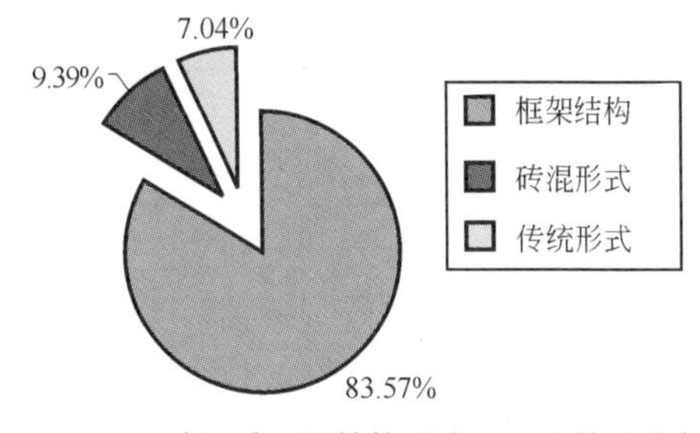

图 2-2-31 “希望采用的结构形式”调查结果分布图

通过调查可以看出，有相当多的村民希望重建采用框架结构。这次地震使大家对框架结构的抗震性能有了深刻而形象的认识。例如，松林村房屋基本倒塌（见图 2-2-32），剩下的几处房屋都是框架结构的房屋（见图 2-2-33）。但是，框架结构的房屋造价较高，需要一种既经济环保、抗震性能又好的建筑形式。

图 2-2-32 红白镇倒塌的砖混结构房屋

图 2-2-33 红白镇震裂而未倒的框架结构房屋

5. 传统结构形式的选择

有 66.98%的受访者选择传统木构架，13.68%的受访者选择黏泥夯筑，没有受访者选择石砌，还有 19.34%的受访者没有要求。如表 2-2-11 和图 2-2-34 所示。

“传统结构形式的选择”调查结果 表 2-2-11

优先考虑的结构形式	统计数量	比例(%)
传统木构架	142	66.98
黏泥夯筑	29	13.68
石砌	0	0.00
无	41	19.34

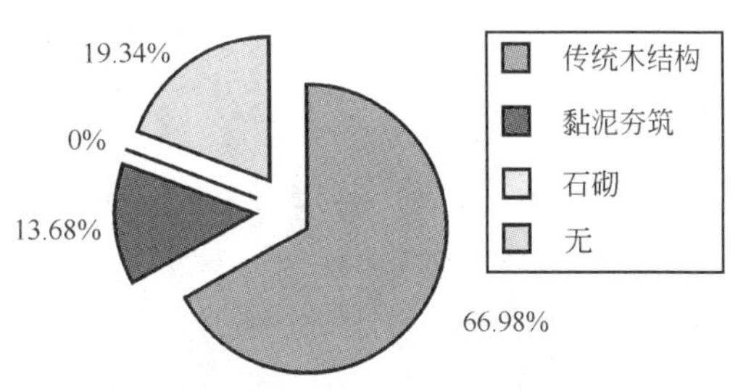

图 2-2-34 “传统结构形式的选择”调查结果分布图

6. 建筑材料

有 89.47％的受访者希望采用现代材料，11.53％的受访者希望采用传统地方材料。如表 2-2-12 和图 2-2-35 所示。

“希望选用的建筑材料”调查结果　表 2-2-12

希望选用的建筑材料	统计数量	比例(％)
现代材料	204	89.47％
传统地方材料	24	10.53％

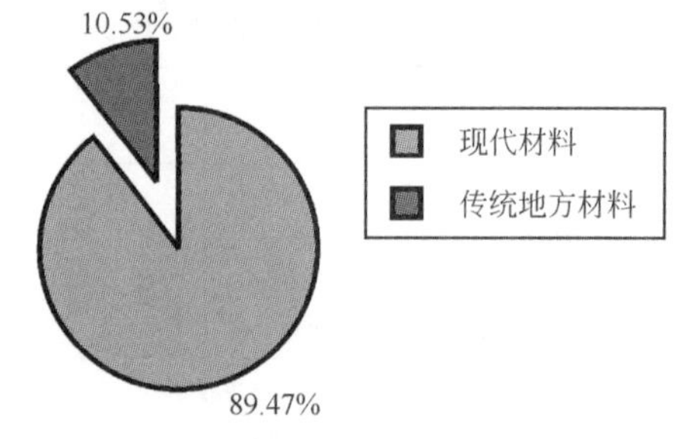

图 2-2-35　“希望选用的建筑材料”调查结果分布图

7. 传统地方材料

有 77.97％的受访者希望采用木材，1.76％的受访者希望采用土质材料，7.93％的受访者选择石材，12.34％的受访者对材料无要求。如表 2-2-13 和图 2-2-36 所示。

“传统地方材料”调查结果　表 2-2-13

优先考虑传统地方材料	统计数量	比例(％)
木材	177	77.97
土	4	1.76
石材	18	7.93
无	28	12.34

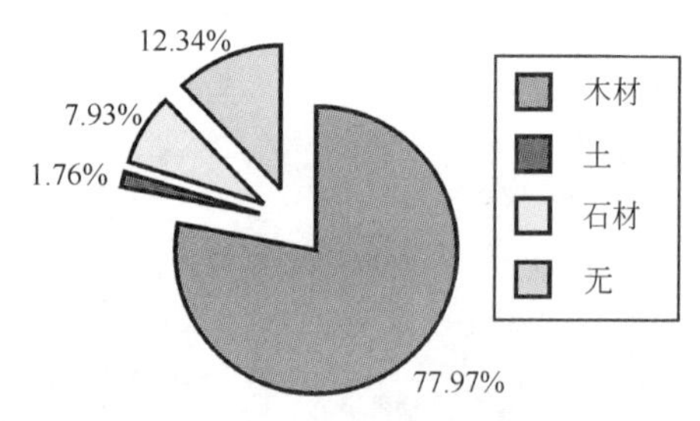

图 2-2-36　“传统地方材料”调查结果分布图

一部分村民希望采用传统的木框架结构形式，因为村民们看到村子里一些传统木框架结构的房屋在地震中没有倒塌（见图 2-2-37），他们认为还是木构架房子抗震性能好。一些村民自己盖的临时过渡房用的就是传统木结构（见图 2-2-38），一个原因是施工简单，花费较少；另一个原因就是被调查的村子林木资源比较丰富。

图 2-2-37　红白镇传统木质青瓦房

图 2-2-38　红白镇五桂坪村民自己搭建的木质过渡房

2.4.3 政府补助方式与自身能力

1. 政府补助方式

17.77%的受访者选择用现金方式进行补助，80.16%的受访者希望政府统一建房，2.07%的受访者选择政府提供建筑材料。如表 2-2-14 和图 2-2-39 所示。

"政府补助方式"调查结果　　表 2-2-14

问题:您希望重建时得到的政府补助方式	统计数量	比例（%）
提供现金	43	17.77
统一建房	194	80.16
提供建筑材料	5	2.07

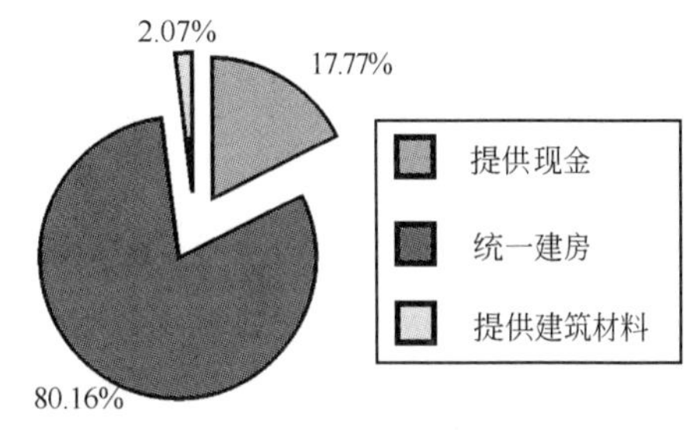

图 2-2-39 "政府补助方式"调查结果分布图

被调查者中有 17.77%的人选择用现金进行补助，由村民自己建房。调查中了解到，这部分村民主要是出于两点考虑：第一，自己的房子未完全垮塌，还可以住或者自己有部分积蓄，加上政府发放部分建房补贴，自己可以建好一点的房子。第二，部分村民担心统一建房过程中，建筑材料采购和工程承包等环节会有腐败问题，使政府发放的建房补贴缩水，觉得发放现金更实惠一些。

2. 小额贷款

有 44.22%的受访者选择小额贷款方式筹措部分建房资金，43.80%的受访者不接受小额贷款，11.98%的受访者对此持无所谓的态度。如表 2-2-15 和图 2-2-40 所示。

"小额贷款"调查结果　　表 2-2-15

能否接受小额贷款	统计数量	比例(%)
接受	107	44.22
不接受	106	43.80
无所谓	29	11.98

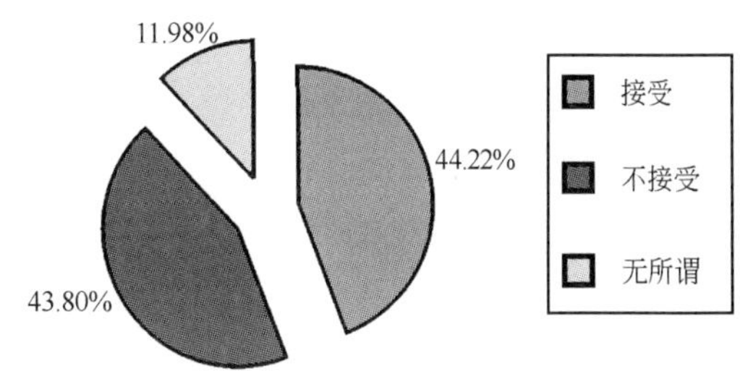

图 2-2-40 "小额贷款"调查结果分布图

调查中 43.80%的人表示难以接受由政府补贴一部分，另一部分通过低息贷款的方式筹集建房资金。他们不知道以后的生活出路在哪里，担心以后没有能力偿还贷款。但是部分村民表示希望获得低息贷款，帮助恢复生产，发展养殖和种植产业。峡马口村的一位村民说，以前在煤矿上打工挣钱养家，现在由于地震矿上停产。打算以后就种点药材维持生计，希望获得政府贴息贷款。所以，政府可以提供小额低息贷款，帮助恢复生产，尤其是优势产业的恢复和发展。

3. 土建费用

2.07%的受访者选择 2 万元以下，11.62%的受访者选择 2 万～4 万元，86.31%的受访者选择 4 万元以上，如表 2-2-16 和图 2-2-41 所示。

“土建费用”调查结果　　表 2-2-16

往常土建费用	统计数量	比例(%)
2 万元以下	5	2.07
2 万～4 万元	28	11.62
4 万元以上	208	86.31

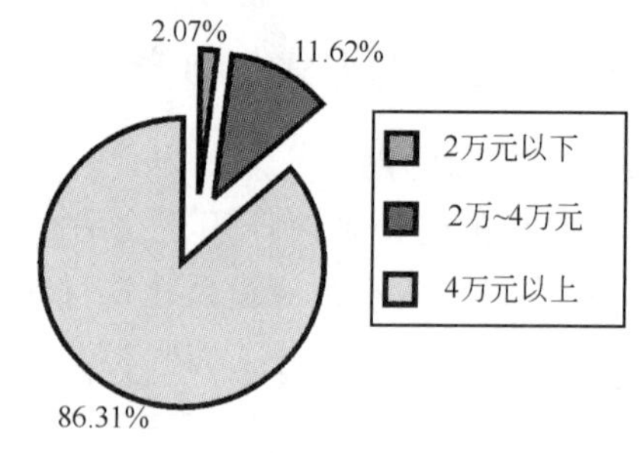

图 2-2-41 “土建费用”调查结果分布图

4. 自筹资金

82.23%的受访者只能筹措不到 5000 元的资金，8.68%的受访者可以筹措到 5000～10000 元的资金，7.44%的受访者选择 1 万～2 万元，1.65%的受访者选择 2 万元及以上。如表 2-2-17 和图 2-2-42 所示。

“自筹资金”调查结果　　表 2-2-17

自筹资金	统计数量	比例(%)
5000 元及以下	199	82.23
5000～10000 元	21	8.68
1 万～2 万元	18	7.44
2 万元及以上	4	1.65

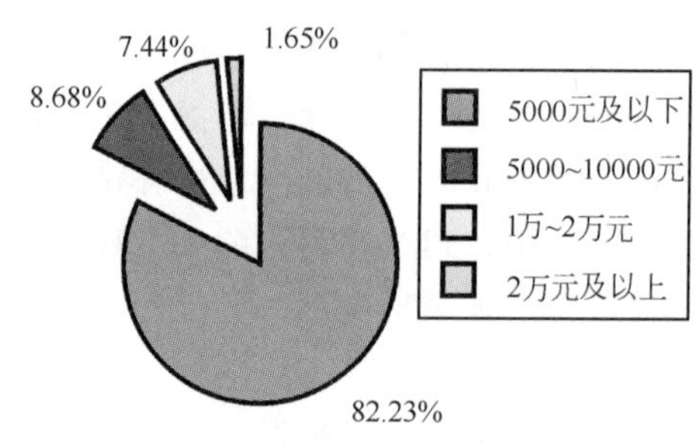

图 2-2-42 “自筹资金”调查结果分布图

2.4.4 重建

1. 重建方式

12.81%的人选择自己建设，87.19%的受访者希望政府统一建设。如表 2-2-18 和图 2-2-43 所示。

“重建方式”调查结果　　表 2-2-18

住房重建方式	统计数量	比例(%)
自建	31	12.81
政府统一组织建设	211	87.19

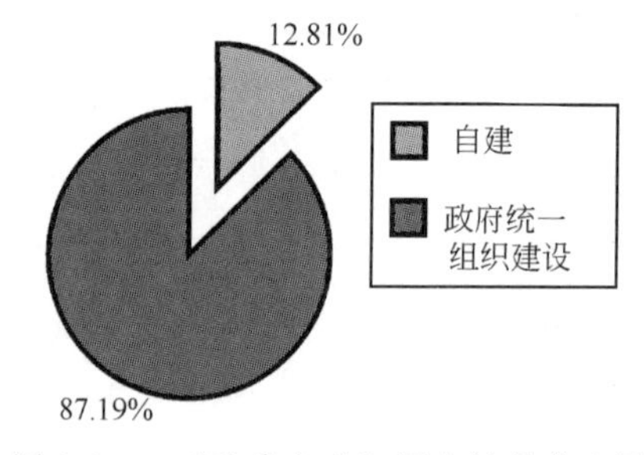

图 2-2-43 “重建方式”调查结果分布图

2. 标准规范、示范图集

78.93%的受访者需要标准规范、示范图集，11.57%的受访者不需要，9.50%的受访者没有要求。如表 2-2-19 和图 2-2-44 所示。

"标准规范、示范图集"调查结果　表 2-2-19

是否需要标准规范、示范图集	统计数量	比例（%）
需要	191	78.93
不需要	28	11.57
可有可无	23	9.50

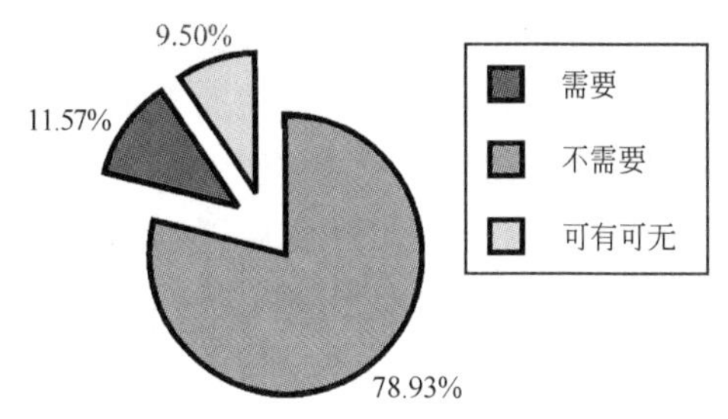

图 2-2-44　"标准规范、示范图集"调查结果分布图

3. 专业技术人员的现场指导

95.04%的受访者需要专业技术人员的现场指导，3.31%的受访者说不需要，1.65%的受访者认为无所谓。如表 2-2-20 和图 2-2-45 所示。

"专业技术人员的现场指导"调查结果　表 2-2-20

是否需要专业技术人员现场指导	统计数量	比例（%）
需要	230	95.04
不需要	8	3.31
无所谓	24	1.65

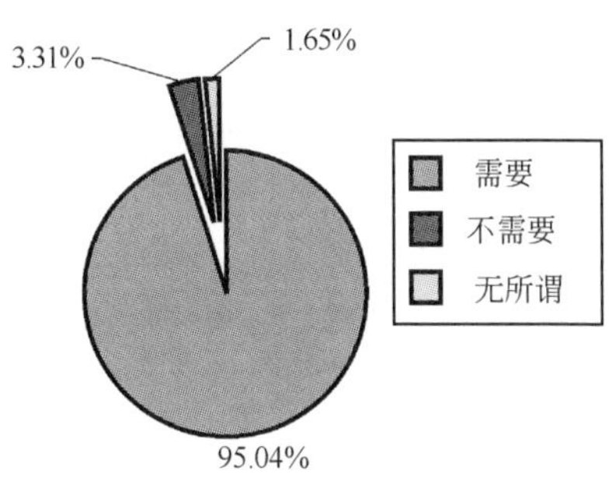

图 2-2-45　"专业技术人员的现场指导"调查结果分布图

4. 施工人员的组成方式

8.68%的受访者想让技术人员指导自己的家人或朋友来修葺和重建房屋，5.37%选择本地工匠，85.95%的受访者想由政府指派的施工队来修葺和重建房屋。如表 2-2-21 和图 2-2-46 所示。

"施工人员的组成方式"调查结果　表 2-2-21

施工人员的组成方式	统计数量	比例(%)
技术人员指导自己家人或朋友	21	8.68
本地工匠	13	5.37
政府指派的施工队	208	85.95

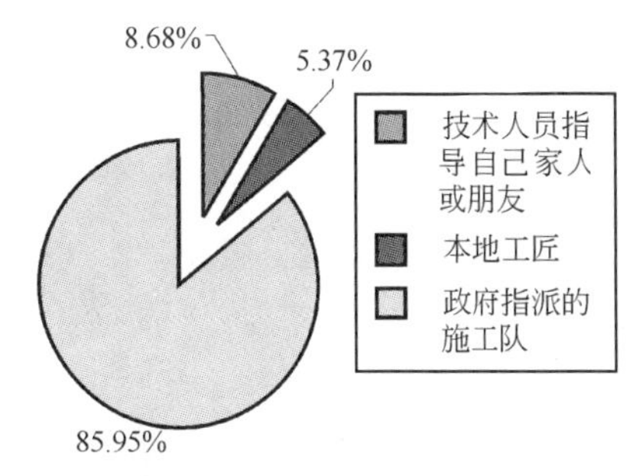

图 2-2-46　"施工人员的组成方式"调查结果分布图

红白镇灾情严重，6 个自然村的村民房屋基本完全倒塌，大多数灾民选择由政府统一建房。统一建房还是发放建房补贴，政府在进行选择时，应考虑多方面因素，要考虑受灾程度和当地的经济发展情况。政府统一建房可以优化资源配置，获得规模经济效益，更好

地协调建筑材料和施工人员的统一调配。而发放建房补贴，政府只需做好各项生活生产用基础设施的规划和建设，政府的负担较轻，同时也可以更好地调动和发挥灾区群众重建的积极性。红白镇由于受地震影响，当地磷矿、煤矿都已停产，旅游业遭受重创。原先从事这些产业的人员，现在闲置，可以为灾区重建提供劳动力支持。政府在重建过程中应组织利用好这部分劳动力，同时也是为灾区群众提供就业机会。

红白镇大多数为砖木结构房屋，抗震性能较差，当地村民对抗震性能较好的框架结构房屋的施工技术不太了解。大多数选择建框架结构房屋的村民希望政府提供建房的规范标准，并希望得到专业技术人员的指导。

红白镇旅游资源丰富，旅游业是该地的支柱产业。对于民房和乡村道路的建设，也要考虑旅游景观的问题。在进行红白镇的重建规划时要着眼于未来旅游产业的发展，要把景观建设与乡村规划以及城镇民居建设结合起来。

2.5 红白镇的建筑受损情况

红白镇居民以汉族为主，其建筑特色以砖混为主，民居屋盖多采用木檩瓦材体系。5·12汶川地震对红白镇建筑破坏极为严重，整个镇已经被夷为平地，几乎没有一栋完整的房屋。

2.5.1 公共建筑

什邡市红白镇中心学校共有732人，其中小学生有360多人。1993年建成的红白中学教学楼，完全塌毁。由于道路中断，一直到第三天，才有重型机械进入学校搜救。

1. 什邡市红白镇中心学校初中部（见图2-2-47～图2-2-54）

图2-2-47左侧的学生公寓和食堂依然伫立，右侧为三层教学楼。三层教学楼的右边部分全部坍塌，左边部分则摇摇欲坠，墙体上的大黑板赫然在目。学生公寓和倒塌的教学楼同为实心砖砌体结构，为什么相距非常近的三栋房屋地震反应差别这么大?

倒塌的三层教学楼未设混凝土圈梁和构造柱，采用混凝土空心板楼盖。空心板配筋率明显不足。

图2-2-47 红白镇中心学校初中部

图2-2-48 红白镇中心学校初中部教学楼，无混凝土构造柱和圈梁

图 2-2-49　红白镇中心学校初中部教学楼，混凝土预制空心板

图 2-2-50　红白镇中心学校初中部教学楼，混凝土预制空心板，仅看到几根钢丝

图 2-2-51　红白镇中心学校初中部，黏土砖木屋盖，无混凝土圈梁和构造柱（一）

图 2-2-52　红白镇中心学校初中部，黏土砖木屋盖，无混凝土圈梁和构造柱（二）

图 2-2-53　红白镇中心学校初中部，黏土砖木屋盖，无混凝土圈梁和构造柱（三）

图 2-2-54　窗间墙宽度只有 370mm，严重不满足抗震规范要求

另一座未倒塌的一层教学用房砌体结构也严重受损。该房屋为黏土实心砖木屋盖，无混凝土圈梁和构造柱，窗间墙宽度明显不满足规范规定的承重外墙尽端至门窗洞口边的最

小距离为 1.0m 的要求。窗间墙受力截面大大削弱，在窗台位置和墙顶发生脆性的剪切破坏。

2. 什邡市红白镇中心学校小学部（见图 2-2-55～图 2-2-57）

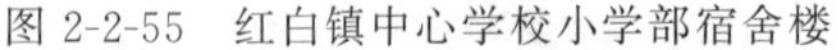

图 2-2-55 红白镇中心学校小学部宿舍楼

图 2-2-56 红白镇中心学校小学部教学楼

图 2-2-57 红白镇中心学校小学部地震中倒塌的教学楼的预制空心板

什邡市红白镇中心学校小学部宿舍楼受到严重破坏但未倒塌，其为二层黏土砖砌体结构，预制空心板楼盖，木檩体系瓦材屋面，外墙圈梁兼过梁，无构造柱。

红白镇中心学校小学部原三层教学楼已成一片瓦砾，夺走了几百名曾经鲜活的生命。教学楼为黏土砖砌体结构，预制空心板，现场未见混凝土梁和柱，整体性很差。据村民反映该教学楼仅有钢丝（预制空心板预应力钢丝），无钢筋（无圈梁和构造柱）。该照片中的几根钢筋据村民反映为镇领导从其他地方运来供记者拍照用的。

3. 红白镇柿子坪村支部委员会办公楼（见图 2-2-58～图 2-2-61）

红白镇柿子坪村支部委员会办公楼为三层 370 实心黏土砖混结构，预制空心板楼、屋盖。地震中严重受损，一人死亡。办公楼正面阳台护墙部分倒塌，右侧悬挑阳台梁纵钢筋屈服或拉断，阳台板倾覆。左侧部分阳台梁断裂悬在空中，断裂处几乎看不到箍筋。部分梁为剪切破坏，部分梁为弯曲破坏。

图 2-2-58　红白镇柿子坪村支部委员会办公楼正面

图 2-2-59　红白镇柿子坪村支部委员会办公楼正面：阳台因阳台梁破坏而倾覆

图 2-2-60　红白镇柿子坪村支部委员会办公楼正面：梁上几乎看不到箍筋

图 2-2-61　红白镇柿子坪村支部委员会办公楼背面：无混凝土圈梁和构造柱

2.5.2　民居

5·12 汶川地震中，红白镇民居全部倒塌的为 95%，部分倒塌及严重破坏的为 5%。

红白镇民居以砖木结构为主。1980 年以前的均为混凝土空心砌块砌筑，20 世纪 80 年代初出现了空心砌块与实心黏土砖混杂的砌体房屋结构，2000 年后建造的房屋以 120 实心黏土砖砌体结构为主。95%以上房屋未设混凝土圈梁和构造柱。有些虽然设置了圈梁，但却未将混凝土梁连成整体。空心砌块房屋破坏程度大于实心黏土砖砌体结构。该镇未完全倒塌的房屋属于实心黏土砖砌体结构。

1. 红白镇五桂坪村民居一（见图 2-2-62～图 2-2-67）

该民居严重受损而未倒塌，120 实心黏土砖墙，木檩瓦材屋盖简支在墙上，未设混凝土圈梁和构造柱。在纵、横外墙连接处因无混凝土构造柱而出现竖向贯通裂缝，多数支撑木檩的砖墙处有明显的斜裂缝或严重开裂，由于此部位存在应力集中和损伤，地震作用下裂缝容易在此处开展。支撑门廊的黏土砖柱全部断裂，为脆性的剪切破坏。

图 2-2-62　红白镇五桂坪村民居一：120 实心黏土砖，无圈梁和构造柱

图 2-2-63　红白镇五桂坪村民居一：120 实心黏土砖

图 2-2-64　红白镇五桂坪村民居一：纵、横外墙连接处无混凝土构造柱

图 2-2-65　红白镇五桂坪村民居一：木屋架简支在墙体上，无混凝土圈梁

图 2-2-66　红白镇五桂坪村民居一：支撑木檩的砖墙处的破坏

图 2-2-67　支撑门廊的黏土砖柱全部断裂

2. 红白镇五桂坪村民居二（见图 2-2-68～图 2-2-73）

红白镇五桂坪村民居二，部分倒塌，其余严重受损。120 实心黏土砖，有“圈梁”，但未封闭，无构造柱。该房造价接近 50 万元，仅居住三个月。

图 2-2-68 红白镇五桂坪村民居二：部分倒塌，其余严重受损

图 2-2-69 120 实心黏土砖，无构造柱

图 2-2-70 未封闭圈梁部房间倒塌

图 2-2-71 该横墙无圈梁

图 2-2-72 该山墙无圈梁和构造柱

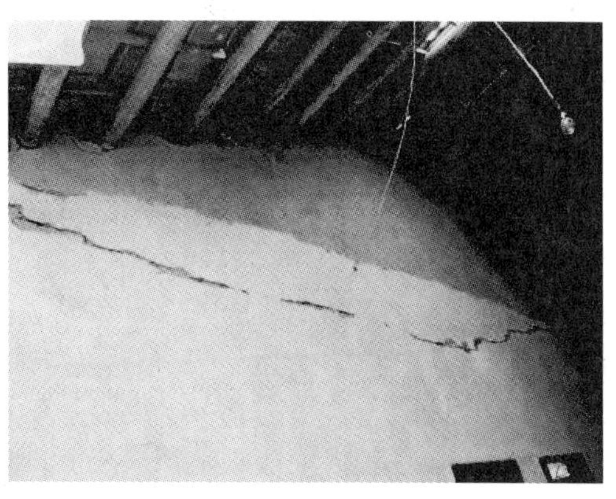

图 2-2-73 山墙山尖贯穿水平裂缝

3. 红白镇五桂坪村民居三（见图 2-2-74、图 2-2-75）

混凝土空心砌块和黏土砖掺杂用作承重结构，木檩瓦材屋盖。这种类型的房屋占红白镇的 80%以上。所谓的“混凝土”空心砌块，砂土含量极高，用手一碰即碎。用于承重墙，在强震作用下倒塌是必然的。

图 2-2-74　红白镇五桂坪村民居三：混凝土空心砌块

图 2-2-75　所谓的“混凝土”，砂土含量极高，用手一碰即碎

4. 红白镇峡马口村民居一（见图 2-2-76、图 2-2-77）

穿斗式构架建筑在 5·12 汶川地震的震中普遍未倒塌或震害较轻。穿斗式构架的特点是沿房屋的进深方向按檩数起一排柱子，每柱上架一檩，檩上布椽，屋面荷载直接由檩传至柱，不用梁。每排柱子靠穿透柱身的穿枋横向贯穿起来，成一榀构架。每两榀构架之间使用斗枋和纤子连接，形成一间房子的空间构架。有时为节约木材，也可由每根柱落地变成每隔一根落地，将不落地的柱子骑在穿枋上，而这些承柱穿枋的层数也相应增加。穿枋穿出檐柱后变成挑枋，承托挑檐。这时的穿枋也部分地兼有挑梁的作用。这种房屋一般是在檩上直接钉椽，椽上盖瓦，整个屋顶质量较轻，以保证防震性能。

穿斗式构架建筑在红白镇数量很少。图 2-2-76、图 2-2-77 为红白镇峡马口村民居，二层穿斗木结构，围护结构为内木板＋外灰砂砖。地震中仅部分围护砖墙受损。

图 2-2-76　二层穿斗木结构，围护结构为内木板＋外灰砂砖（一）

图 2-2-77　二层穿斗木结构，围护结构为内木板＋外灰砂砖（二）

5. 红白镇峡马口村民居二（见图 2-2-78）

该房屋承重结构为黏土多孔砖，无圈梁和构造柱，全部倒塌。

图 2-2-78 烧结黏土多孔砖砌筑，无圈梁和构造柱

图 2-2-79 2 层，底层框架结构，裂而不倒

6. 红白镇柿子坪村民居（见图 2-2-79、图 2-2-80）

该民居位于红白镇柿子坪村，2 层，底层框架结构，顶层黏土砖砌体结构。裂而不倒。填充墙与混凝土梁的连接部位出现水平裂缝，说明二者连接措施不当。山墙填充墙出现 1.5m 长剪切斜裂缝。

图 2-2-80 填充墙与混凝土梁的连接部位出现水平裂缝，说明二者连接措施不当

图 2-2-81 红白镇松林村村委会，窗间墙严重剪切破坏

7. 红白镇松林村民居（见图 2-2-81）

红白镇松林村村委会，裂而不倒。2 层 370 实心黏土砖混结构，预制空心楼板，带构造柱，但未砌成马牙状，地震作用下构造柱一侧墙体脱离混凝土柱。但窗间墙有交叉裂缝，受到严重剪切破坏。窗间墙宽度大于 1m，满足规范要求。

2.6 结论与建议

“5·12”汶川地震给中国建筑行业上了一课。建筑物破坏如此普遍、严重，我认为并不是我们的建筑结构抗震规范出了问题。建筑的倒塌与建筑质量、材料选择和不按抗震规范建设直接相关。

红白镇的教学楼，楼面为预制板结构，墙体多为实心砖结构。民房多为混凝土空心砖、木屋盖。几乎都是粉碎性垮塌，垮塌过程极为迅速。

在过去20多年的经济高速发展中，乡村教育欠账，特别是中西部地区教育欠账是不争的事实，偏远地区乡镇学校的房屋质量一直是令人忧心的现实。故此，中央政府继1996年颁布《农村普通中小学校建设标准（试行）》、《中小学校建筑设计规范》后，又对全国中小学进行了一次危房摸底调查，并决定从2001年起实施农村中小学危房改造计划，并投入大量资金，目标是完成存量危房的改造。

但是，汶川大地震的无情事实证明，为期五年的“中小学危房改造工程”并未从根本上解决农村中小学的危房问题。由于缺乏制度性的安排和专业化的分工，危房标准鉴定在地方上完全成了一纸空文，每年的例行检查也变成表面文章。

危与不危，谁来确定校舍的标准？在中国具有封闭性的教育系统内，长期以来学校建筑的管理一直在教育系统内执行，省及省以下教育部门均设置有计划基建财务处，负责校舍的投资和基建项目管理工作。2000年前，中国对农村中小学没有危房鉴定标准。对城市危险校舍的鉴定，多是教育部门内部鉴定、上报、统计，各地宽严不一，标准也不一致。至于鉴定，当时要求城建部门负责，并出具有资质的房屋质量鉴定书，同时要求县级政府统筹此事；“具体执行如何，也要看地方的力度”。

2001年4月，教育部、国家发改委、财政部联合发出了《全国中小学危房改造工程实施管理办法》，规定此次危房改造由县级教育部门牵头，由授权机关按照原建设部颁发的《危险房屋鉴定标准》JGJ 125—1999进行鉴定，并出具危房安全鉴定报告，建立安全档案，相关资料和报告均存档。

这是教育系统首次在校舍危房改造中引入统一的国家建筑行业标准。按照这一标准，房屋危险性鉴定将按登记划分为A、B、C、D四级。在实践中，这一被教育系统采用的标准并未对很多具体问题做出明确规定，比如：授权哪个机构进行危房鉴定？哪些人有资格参与鉴定？四级危房的具体鉴定指标、鉴定方法和鉴定设备是什么？这也直接导致在实际操作过程中，各地危房鉴定的标准仍然没有统一，执行力度也各不相同。

2000年之后的中小学危房鉴定，并未把防震鉴定列入考虑因素。当时鉴定的D级危房，主要是考虑暴雨、大风、泥石流等安全因素；危房安全检查组不可能人人都是专家，也不可能都由专业检测机构来负责，一般都是每个部门派几个行政管理人员。检查方式，则主要是靠肉眼现场查看、听取师生们的意见。这种鉴定的准确性如何，可想而知。

如果真想通过检测，确认房屋抗震、抗灾的坚固度，必须邀请专业机构人员，并参照《民用建筑可靠性鉴定标准》GB 50292—1999等多个鉴定标准，对建筑的承载力、挠度等具体指标做出测定。显然，教育系统的危房改造并未依此专业标准进行。

由于缺乏制度性的安排和专业化的分工，所谓“ABCD危房鉴定标准”到了地方上完全成了一纸空文，每年的例行检查也变成表面文章。县乡镇的教育官员对于“危房”和“安全”的界定五花八门，随时根据现实需要给出不同定义。正是在这样的五花八门的标准之下，根据各地官方媒体报道，大部分省区在2006年后纷纷宣布已经基本完成中小学危房改造。

中国农村民房同样普遍令人担忧。95％的民房由村民自己建造，缺乏专业人员指导，缺乏专业施工队伍，缺乏房屋抗震观念。由于资金缺乏，通常选择承载力低、价格便宜的劣质材料。国家建筑、结构设计规范在农村得不到执行。中国对农村建房质量有标准可依，但缺少法律约束，缺乏监督管理机制，这是酿成这次地震灾难悲剧的一个重要原因。

从材料上看，红白镇倒塌的房屋均为20世纪80年代初及之前建造的混凝土空心砌块承重结构，楼盖为预制空心板，缺少圈梁和构造柱，砂浆普遍采用石灰砂浆（有个130m^2的房子仅用了5袋水泥），整体性极差，为脆性破坏。而且，混凝土空心砌块泥沙含量高，水泥含量少，承载力很低。即使新建的建筑，采用了实心黏土砖，但是墙厚为120mm，满足不了高厚比的要求，稳定性很差。

从施工上看，农村住宅普遍施工水平较低。砌体结构水平灰缝砂浆很少。钢筋锚固长度不足，钢丝取代钢筋，配筋严重不足。这些因素都是建筑物震害的根本原因。

红白镇是一个相对富裕的乡镇，具有丰富的磷矿和森林资源，家庭平均年收入在2万元左右。老百姓舍得花钱盖大房子，但是，他们却不知自己的房子是建在地震断裂带上，他们未曾想到自己的房子在地震时会不堪一击。没有专业设计人员，没有专业施工队伍，房子虽大，但缺少可靠有效的抗震构造，在地震发生的瞬间，毕生的心血便化为乌有。

以5·12汶川大地震为警示，体制性变革必须进行。建议如下：

（1）希望政府加强对农村住宅施工质量的监督；

（2）农村住宅也应该由合格的建筑设计单位设计，以满足抗震要求；

（3）打破教育系统对学校建筑施工、检测、鉴定的垄断，由建筑专业部门来监控。

第3章　绵竹市玉泉镇灾后重建农村建设规划调查报告

3.1　调查工作概况

2008年6月18日，对绵竹市玉泉镇的龙兴村、桂花村2个自然村进行了典型调查。对受灾村民重建意愿作随机入户调查，共走访24个村民小组，收回有效调查问卷55份，调查对象情况统计见表2-3-1。

调查对象情况统计　　表2-3-1

行政村	村小组数	户数	人口数
桂花村	12	1119	3329
龙兴村	12	977	2831

3.2　玉泉镇基本情况

绵竹市位于四川盆地西北部，地处东经103°54′～104°20′，北纬30°09′～31°42′之间，幅员面积1245.3km²，其形状如一支金笔尖，自西北向东南伸展。市境东靠德阳市旌阳区；东北与绵阳市安县接壤；西南与什邡市隔河相望；西北与阿坝州茂县相毗连（见图2-3-1）。

市境地貌形态区域差异十分明显：绵竹市西北部为山地，东南部为平原，地势西北高，东南低，由西北至东南逐渐倾斜，有"六山一水三分田"的特点，海拔高度504～4405m；河流纵横，切割强烈。西北部山地是境内诸河流的发源地。支流众多，河流向下切割深度为500～1000m，河床狭窄，河谷陡峻；山地、平原界限分明，地貌类型多样。全市大致分为山地、平原两大部分。山地有高山、中山、低山三种类型，以中山为主，幅员面积648.55km²，占全市总土地面积的52.08%；平原区幅员面积596.75km²，占全市总土地面积的47.92%，属盆西平原亚区的组成部分。

玉泉镇地处绵竹市以南12km处的石亭江畔，幅员面积26.49km²，辖15个行政村，79个村民小组，大约有5000人，属于四川省农业基地，离成都约130km，是四川盆地亚热带季风性温湿气候区，气候温和、降水充沛，在地震中受损较重。图2-3-2为玉泉镇土地利用总体规划图。

石亭江位于绵竹市境内西南，发源于德阳市境内龙门山脉九顶山南麓，属绵竹、什邡界河，该江流经绵竹市广济、玉泉、新市、观鱼四镇。境内河段长22.32km，集雨

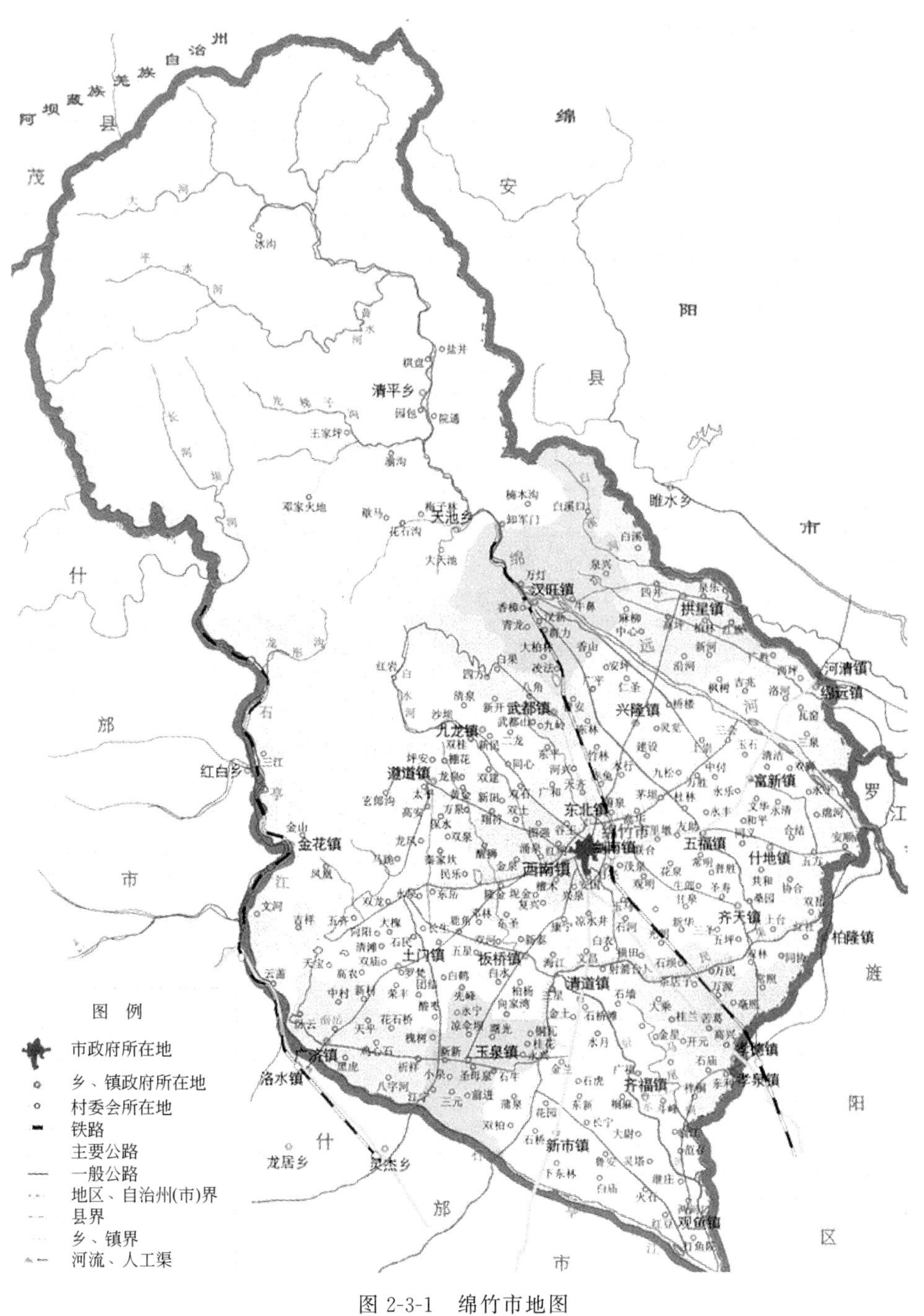

图 2-3-1 绵竹市地图

面积 76.65km²。20 年一遇的洪峰流量为 3900～4150m³/s。多年平均年径流总量为 6.58 亿 m³。右岸经什邡红白镇、八角市镇，左岸为市金花镇至高景关出山。石亭江在绵竹平原河段 25.8km（不包括皮家湾），均系 20 世纪 60 年代末、70 年代中期所筑的“跃进”堤防，基础浅，堤身背坡都是干打垒，经不起洪水长期冲击。随着时间推移，迎水面四合土修建的堤防老化，御洪能力降低，每年汛期堤防都会出现不同程度损毁，给沿河人民造成灾难，1997 年以来，共完成了石亭江堤防改造、维修加固工程 15.3km。这次大地震造成了多处堤防坍塌，很难抵御随时而来的洪水冲击。

图 2-3-2　玉泉镇土地利用总体规划图

3.3　玉泉镇工程地质

3.3.1　地形地貌

玉泉镇为平原地貌（见图 2-3-3）。

3.3.2　构造与地震

1. 地质构造

评估区在区域上位于华夏构造体系龙门山褶皱带中段，经历了三叠系以后褶皱—逆冲推覆—滑脱等多层次、多期次构造作用。断裂多呈北东—南西向展布。区内主构造方向为北东—南西向。距评估区较近的断裂主要有北西侧的北川—映秀断裂、南东侧的红星煤矿断裂。

（1）北川—映秀断裂：为逆断层，走向北东，倾向北西，倾角 60°～70°，北东起于唐家河，经岳家山、水磨沟、青牛沱，南东止于麻柳桥，其次级断裂十分发育。该断裂经过了金河磷矿矿区，破坏作用较大。“5・12”地震时距震中较近，活动较强。

图 2-3-3　玉泉镇为平原地貌

（2）红星煤矿断裂：北东起于红白，经红星煤矿区，南东止于三交界处，逆断层，倾向南东，倾角 45°～55°。该断层经后期构造改造，表现为多期次、分布面积广、破碎作用强等特点。

北川—映秀断裂、红星煤矿断裂相距 5～6km，为龙门山褶皱带的次级构造。多年来的地震活动表明龙门山褶皱带活动强烈，其活动形式主要表现为强烈的推覆作用，评估区地层倾向北西，倾角 30°～45°，地层倒转。因此位于其南东侧两次级断裂构造之间的红白镇区域稳定性较差。

如图 2-3-4、图 2-3-5 所示，根据地震前陆地卫星遥感图像，从研究区的断裂组合、沉积特征分析，该区是一个胚胎期的走滑拉分菱形断陷。F_1 和 F_2 形态平直，互相平行，且雁行斜列，具雁行走滑断层特征。F_5 和 F_6 近平行，分别发育于 F_1 和 F_2 的端部，且受后二者控制。F_5 始于 F_1 的下端右侧，止于 F_2；F_6 始于 F_2 的上端左侧，而止于 F_1。这样在 F_1 和 F_2 的尾端叠覆区形成了一个完美的菱形图案——雁行走滑断层尾端叠覆区的典型断裂组合。

石亭江断裂与龙门山构造带锐角相交，并在区域主压应力方向的右侧与其斜交，因而在区域主压应力剪切分力的作用下发生左行走滑运动，在两条左行走滑断裂（F_1，F_2）的左侧叠覆区产生了菱形断陷。

野外实地考察，菱形断块内侧略低，沉积以较粗的河道砂、砾石为主；而其外侧略高，以河漫滩相的黏土层为主。

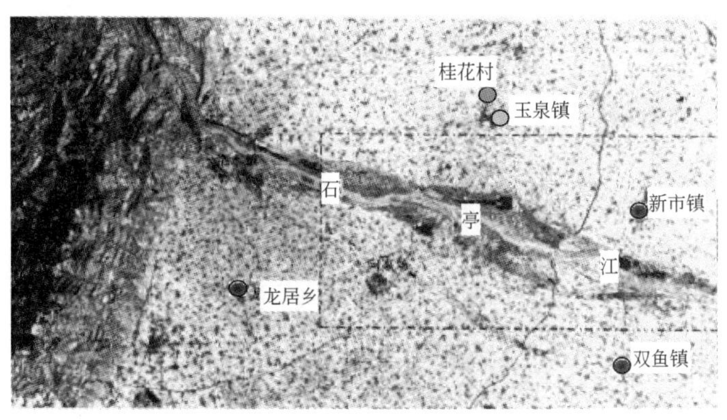

图 2-3-4　石亭江地区陆地卫星图像

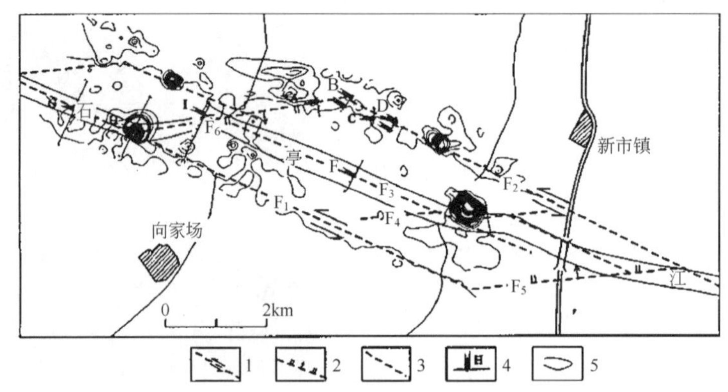

图 2-3-5　石亭江地区遥感地质/地球化学综合解释图

1—推测走滑断层；2—推测正断层；3—推测性质不明断层；4—地气测量测线及异常编号；5—汞元素等值线

玉泉镇接近汶川地震造成的北川—映秀断裂带。

2. 新构造运动与地震

评估区新构造运动强烈，以挤压抬升为主，河谷狭窄，切割较深，地形变化较大。

龙门山新构造活动常沿主干断裂发生。1958—1997 年有记载的 6～8 级地震有 9 次，弱震则常有发生。“5・12”地震前普遍认为强震对评估区的影响裂度最高为Ⅵ～Ⅶ度；而区内断裂活动相对较弱，地震烈度为Ⅵ度，区域上相对稳定。据《中国地震动参数区划图》GB 18306—2001，本区抗震设防烈度为 7 度，设计基本地震加速度值为 0.10g，地震动反应谱特征周期值为 0.40s。

“5・12”地震为 8.0 级，本区的地震基本烈度是否调整尚无专业部门做出结论。

3.3.3　地质灾害现状评估

在处于平原区的玉泉镇未发现滑坡、泥石流、崩塌等地质灾害；仅在桂花村发现地震液化等震害现象；东侧石亭江沿岸岸坡堤防工程遭受不同程度的损毁。

液化是指饱和砂土在地震的短暂时间内，孔隙水压力骤然上升，并来不及消散，有效应力降低至零，土体呈现出近乎液体的状态，强度完全丧失。其宏观现象表现为地表开裂、喷砂、冒水，从而引起地基失效，引起上部建筑下陷、浮起、倾斜、开裂等现象。玉泉镇桂花村靠近石亭江，以砂卵石为主，液化现象非常严重（见图 2-3-6、图 2-3-7）。

图 2-3-6　桂花村土质以砂卵石为主

图 2-3-7　桂花村土质以砂卵石为主（长草处为地裂缝）

(1) 喷砂（见图 2-3-8）

(2) 地裂缝（见图 2-3-9～图 2-3-13）

图 2-3-8　桂花村地基液化喷砂

图 2-3-9　桂花村地裂缝（水平位移）（一）

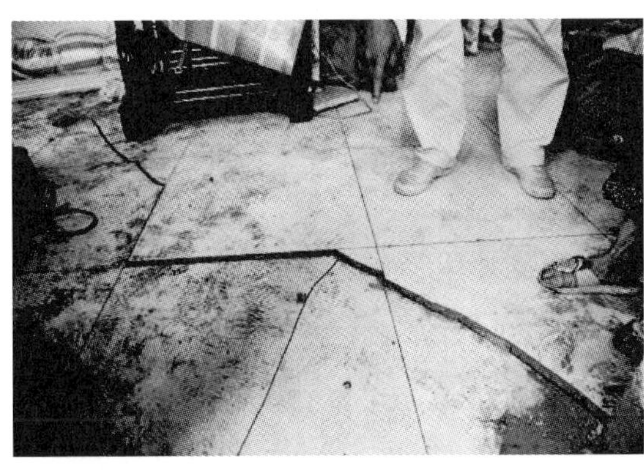

图 2-3-10　桂花村地裂缝（垂直位移）（二）

图 2-3-11　桂花村地裂缝（三）

图 2-3-12　桂花村地裂缝（四）

图 2-3-13　桂花村地裂缝（五）

（3）井喷（见图 2-3-14）

（4）地陷（见图 2-3-15）

图 2-3-14　桂花村井喷（老妇人手所在高度）

图 2-3-15　桂花村地陷

3.3.4　地质灾害危险性预测评估

1. 工程建设可能诱发地质灾害危险性评估

在地质灾害现状评估中已详细论述了该评估区内及其四周地质灾害不发育，不存在滑坡、泥石流、崩塌等地质灾害；由于评估区内地形较平坦、相对高差较小，在工程建设中不易形成高陡边坡等，因此工程建设诱发地质灾害的可能性小，预测地质灾害危险性小。

2. 工程建设本身可能遭受地质灾害危险性评估

在评估区内的地质灾害不发育，仅在局部地段存在地震液化等震害现象，工程建设遭受地质灾害的可能性小，预测地质灾害危险性小。但由于评估区东侧石亭江沿岸岸坡受到一定程度的损毁，可能遭受洪涝灾害。

3.3.5　地质灾害综合评估

处于平原区的玉泉镇地质灾害不发育，工程建设诱发或遭受地质灾害的可能性小，预测地质灾害危险性小，属地质灾害不易发区，适宜作灾后重建的规划建设用地。

3.4　玉泉镇调查问卷分析

3.4.1　村民安置问题

1. 村民安置方式与位置

根据对调查问卷的分析显示有 84.31％的受访者希望原址重建，选择村外乡镇内重建的有 13.73%，选择乡镇外县内重建的有 1.96%，没有被访者选择县外省内重建、省外重建、省内城镇化安置。如表 2-3-2 和图 2-3-16 所示。

"安置方式与位置"调查结果 表 2-3-2

安置方式与位置	统计数量	比例(%)
原址重建	43	84.31
村外乡镇内重建	7	13.73
乡镇外县内重建	1	1.96
县外省内重建	0	0
省外重建	0	0
省内城镇化安置	0	0

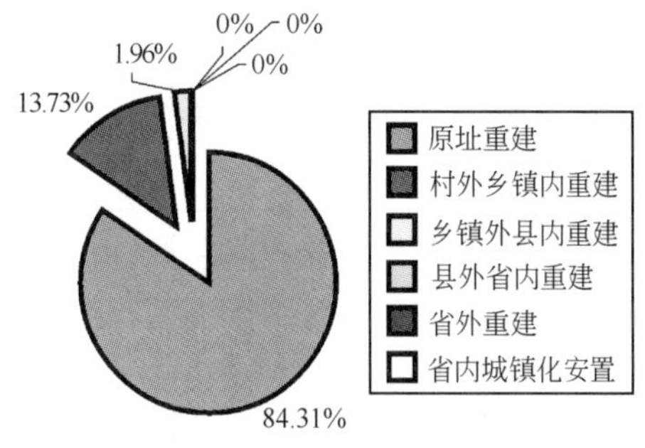

图 2-3-16 "安置方式与位置"调查结果分布图

2. 本组/本村内安置距离

有 84.31%的灾民选择 1km 以内安置，5.88%的灾民选择在 1～2km 范围内安置，3.93%的灾民选择在 2～3km 范围内安置，5.88%的灾民选择在 3km 以上范围内安置。如表 2-3-3 和图 2-3-17 所示。

"与原址的最远距离"调查结果 表 2-3-3

本村安置时能接受与原址的最远距离	统计数量	比例(%)
1km 以内	43	84.31
1～2km	3	5.88
2～3km	2	3.93
3km 以上	3	5.88

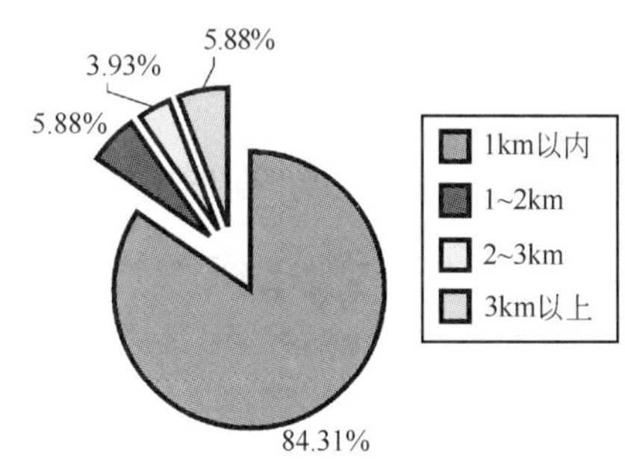

图 2-3-17 "与原址的最远距离"调查结果分布图

3. 其他受灾地区群众在本村组安置

有 81.13%的受访者接受其他受灾地区群众在本村组内安置，7.55%的受访者不接受其他受灾地区群众在本村组内安置，11.32%的受访者持无所谓的态度。如表 2-3-4 和图 2-3-18 所示。

"其他地区受灾群众在本村组安置"调查结果 表 2-3-4

其他地区受灾群众在本村安置	统计数量	比例(%)
接受	43	81.13
不接受	4	7.55
无所谓	6	11.32

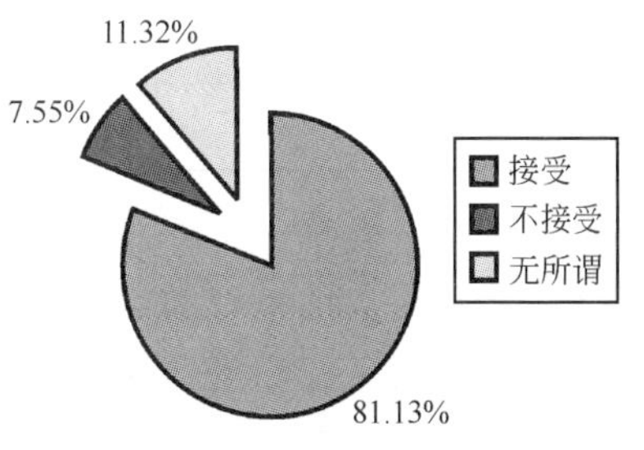

图 2-3-18 "其他地区受灾群众在本村组安置"调查结果分布图

4. 外村灾民安置到本村组有无要求

3.77%的受访者希望村外灾民来自行政村外本镇（乡）内，0%的受访者选择镇（乡）外本县（市）内，1.89%的受访者选择县（市）外，94.34%的受访者选择无要求。如表2-3-5和图2-3-19所示。

"对外村灾民来源有无要求"调查结果　　表 2-3-5

对外村灾民来源有无要求	统计数量	比例(%)
行政村外本镇(乡)内	2	3.77
镇(乡)外本县(市)内	0	0
县(市)外	1	1.89
无	50	94.34

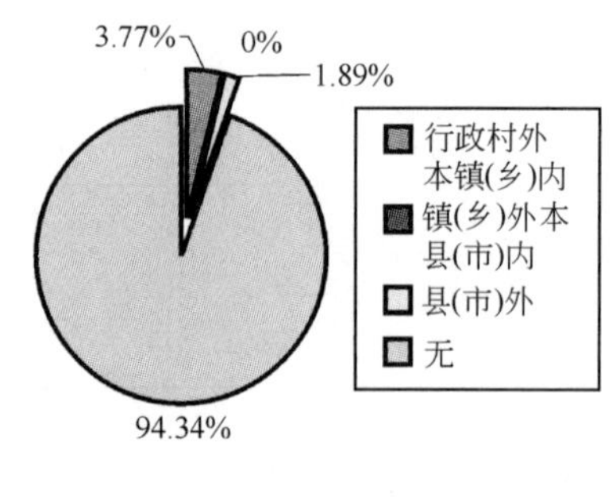

图 2-3-19　"对外村灾民来源有无要求"调查结果分布图

玉泉镇受灾村民普遍希望原址重建。一是因为大部分村民普遍认为外面消费太高，无法支付。二是因为玉泉镇这两个村受灾不重，房屋倒塌不严重。三是因为村民对于外迁，还有一些经济上的顾虑，如生计问题、养老问题等。

3.4.2　住房面积、建筑形式与建筑材料

1. 每户所需宅基地面积

有34.69%的受访者认为每户所需宅基地面积是2分及以下，48.98%的受访者选择2～3分，6.12%的受访者选择3～4分，10.21%的受访者选择4分以上。如表2-3-6和图2-3-20所示。

"每户所需宅基地面积"调查结果　　表 2-3-6

每户所需宅基地面积	统计数量	比例(%)
2分(约$135m^2$)及以下	17	34.69
2～3分(约$200m^2$)	24	48.98
3～4分(约$265m^2$)	3	6.12
4分以上	5	10.21

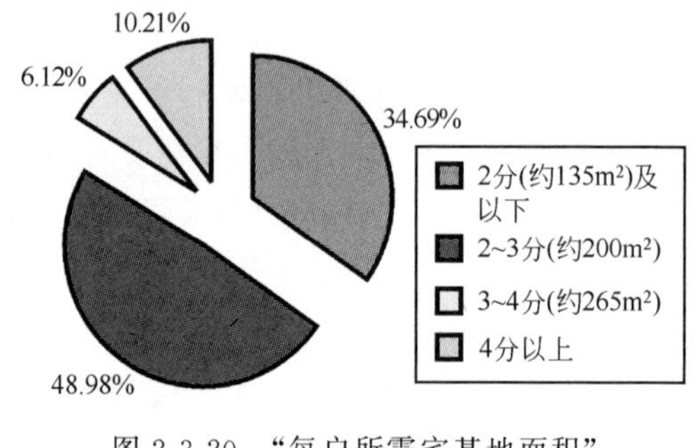

图 2-3-20　"每户所需宅基地面积"调查结果分布图

绝大多数村民灾前家里都养猪，所以需要足够的面积建猪圈；并且龙兴村种植经济作物烟叶。因此要有一定的宅基地面积晒烟叶。因此重建的时候不仅要考虑生活面积，还要考虑生产面积。

2. 认为比较合适的建房面积

有46.15%的受访者认为$120m^2$及以下是比较合适的建房面积，34.62%的受访者认

为 120～140m² 比较合适，19.23％的受访者认为 140m² 以上比较合适。如表 2-3-7 和图 2-3-21 所示。

“建房面积”调查结果　表 2-3-7

每户比较合适的建房面积	统计数量	比例(％)
120m² 及以下	24	46.15
120～140m²	18	34.62
140m² 以上	10	19.23

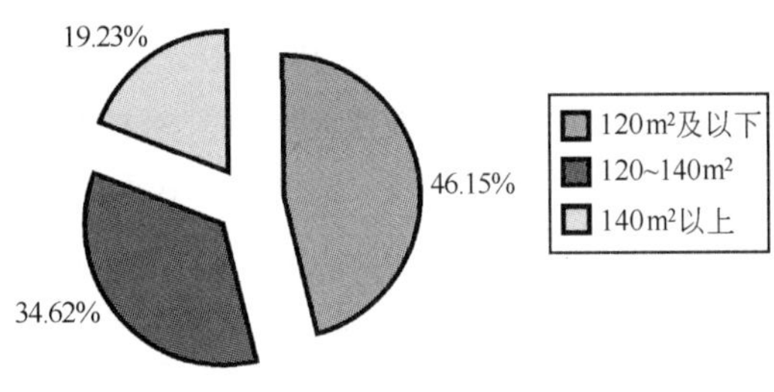

图 2-3-21　“建房面积”调查结果分布图

玉泉镇两个村基本上每户都有养殖业，家家都有猪圈，并且有好几户养猪的收入是家庭收入的主要来源。所以每户都希望能够有比较大的面积，能够有足够的空间建猪圈。

龙兴村除了有养殖业以外，还种植经济作物烟叶。采叶以后，需要有足够的空间在屋子里晾烟叶。所以，应根据当地生产状况，适当增加建房面积。

3. 喜欢的建筑形式

80.40％的受访者选择现代形式，19.60％的受访者选择传统/民族形式。如表 2-3-8 和图 2-3-22 所示。

“建筑形式”调查结果　表 2-3-8

您喜欢的建筑形式	统计数量	比例(％)
现代形式	41	80.40
传统/民族形式	10	19.60

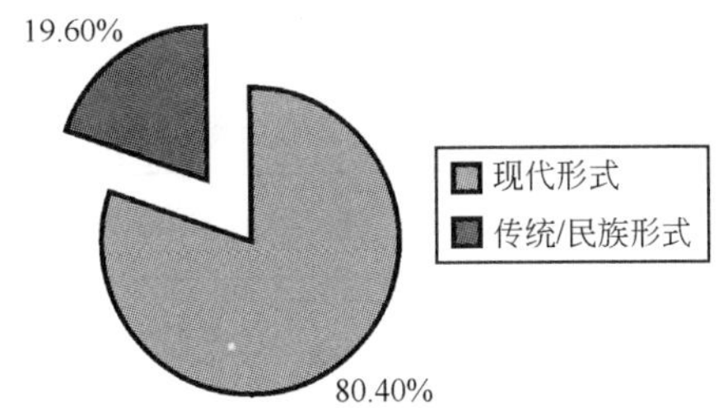

图 2-3-22　“建筑形式”调查结果分布图

玉泉镇这两个村都是汉族村，因此他们对传统、民族形式建筑没有什么特殊要求，大家都希望用以前的瓦房形式。

4. 希望采用的结构形式

有 77.55％的受访者喜欢框架形式，22.45％的受访者选择砖混形式，没有受访者选择传统形式。如表 2-3-9 和图 2-3-23 所示。

“结构形式”调查结果　表 2-3-9

您希望采用的结构形式	统计数量	比例(％)
框架形式	38	77.55
砖混形式	11	22.45
传统形式	0	0

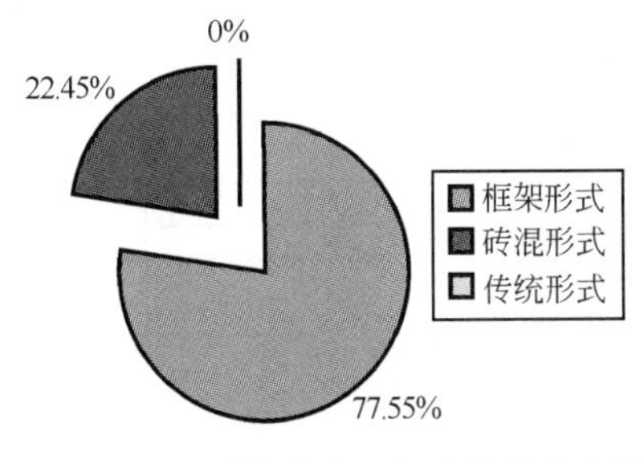

图 2-3-23　“结构形式”调查结果分布图

绝大多数村民都选择框架形式，因为他们都知道框架结构抗震性能好，但对框架结构的花费并不了解，其对结构的唯一要求就是抗震性。这是大地震对村民产生的影响。

所以，如果有抗震性能比较好的其他可行形式，相信村民也会接受。

5. 传统结构形式的选择

有54.90%的受访者选择传统木构架，21.57%的受访者选择黏泥夯筑，没有受访者选择石砌，还有23.53%的受访者没有要求。如表2-3-10和图2-3-24所示。

"传统结构形式的选择"调查结果　表2-3-10

优先考虑的结构形式	统计数量	比例(%)
传统木构架	28	54.90
黏泥夯筑	11	21.57
石砌	0	0
无	12	23.53

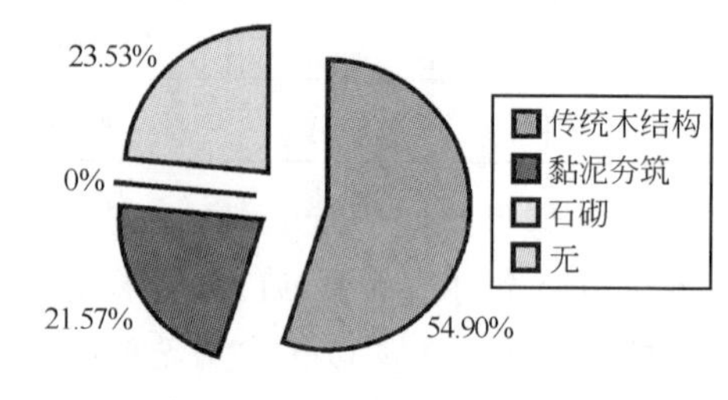

图2-3-24　"传统结构形式的选择"调查结果分布图

6. 建筑材料

有98.11%的受访者希望采用现代材料，1.89%的受访者希望采用传统地方材料。如表2-3-11和图2-3-25所示。

"建筑材料"调查结果　表2-3-11

建筑材料	统计数量	比例(%)
现代材料（钢筋混凝土、砖等）	52	98.11
传统地方材料	1	1.89

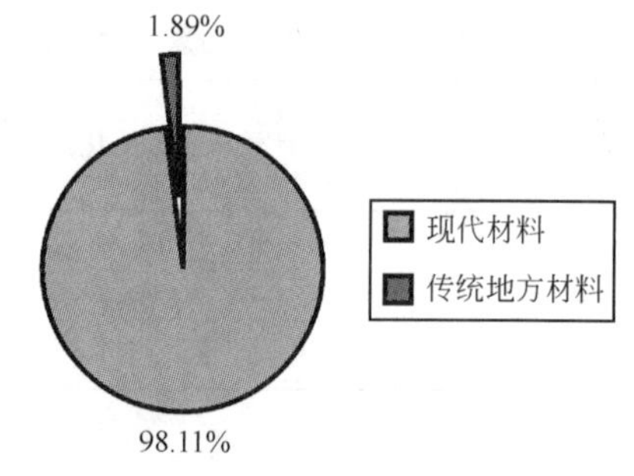

图2-3-25　"建筑材料"调查结果分布图

7. 传统地方材料

有60.78%的受访者希望采用木材，3.92%的受访者希望采用土质材料，15.69%的受访者选择石材，19.61%的受访者对材料无要求。如表2-3-12和图2-3-26所示。

"传统地方材料"调查结果　表2-3-12

优先考虑传统地方材料	统计数量	比例(%)
木材	31	60.78
土	2	3.92
石材	8	15.69
无	10	19.61

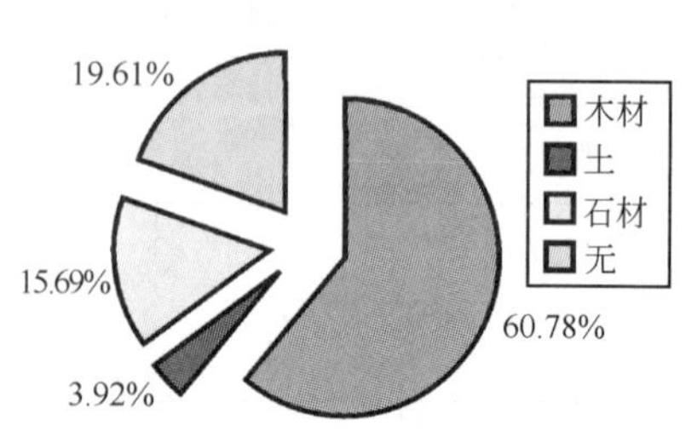

图2-3-26　"传统地方材料"调查结果分布图

3.4.3 政府补助方式与自身能力

1. 政府补助方式

32.73%的受访者选择用现金方式进行补助，63.63%的受访者希望政府统一建房，3.64%的受访者选择由政府提供建筑材料。如表 2-3-13 和图 2-3-27 所示。

“政府补助方式”调查结果　表 2-3-13

问题:您希望重建时得到的政府补助方式	统计数量	比例(%)
提供现金	18	32.73
统一建房	35	63.63
提供建筑材料	2	3.64

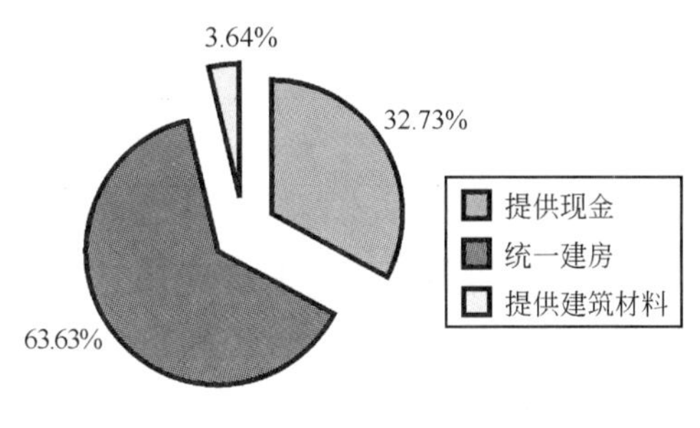

图 2-3-27　“政府补助方式”调查结果分布图

有 3 成的受访者选择现金补助方式，这部分受访者的房屋受损不大，只需要修缮。6 成的受访者希望政府统一建房，它们反映的原因有三条：一是害怕政府补贴的现金发放不到位，补助金发放的环节太多，村民们害怕被克扣，如果政府统一建（修）房的话村民们就很放心。二是如果政府给现金补助，村民害怕建筑材料的价格上涨的太厉害，政府给的钱不够建（修）房。三是许多村民重建的时候为了省钱，偷工减料的情况难免会出现，工程质量也很难保证。

2. 小额贷款

有 70.91%的受访者接受采用小额贷款方式筹措部分建房资金，16.36%的受访者不接受小额贷款，12.73%的受访者对此持无所谓的态度。如表 2-3-14 和图 2-3-28 所示。

“小额贷款”调查结果 表 2-3-14

小额贷款	统计数量	比例(%)
接受	39	70.91
不接受	9	16.36
无所谓	7	12.73

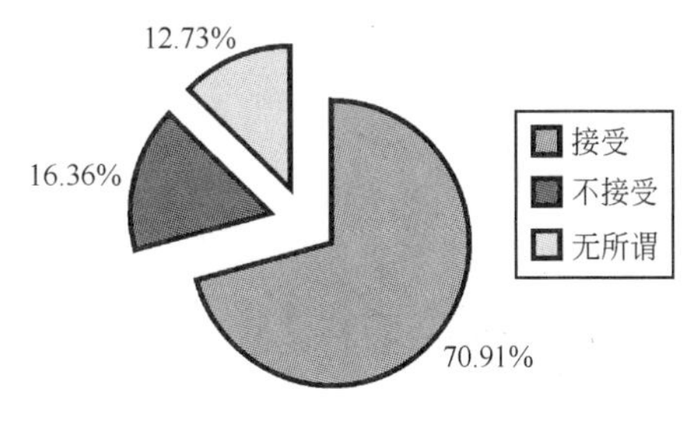

图 2-3-28　“小额贷款”调查结果分布图

有 7 成的受访者接受小额贷款，他们的家庭在这次地震中受损不是太大，生产能力很快就会恢复，有偿还能力。

16.36%的人不接受小额贷款，他们家里受损较重，有的甚至一无所有了，所以他们目前不具备偿还能力，无法接受这种形式。

3. 土建费用

5.46%的受访者选择 2 万元以下，7.27%的受访者选择 2 万～4 万元，87.27%的受访者选择 4 万元以上。如表 2-3-15 和图 2-3-29 所示。

“土建费用”调查结果 表 2-3-15

往常土建费用	统计数量	比例(%)
2 万元以下	3	5.46
2 万～4 万元	4	7.27
4 万元以上	48	87.27

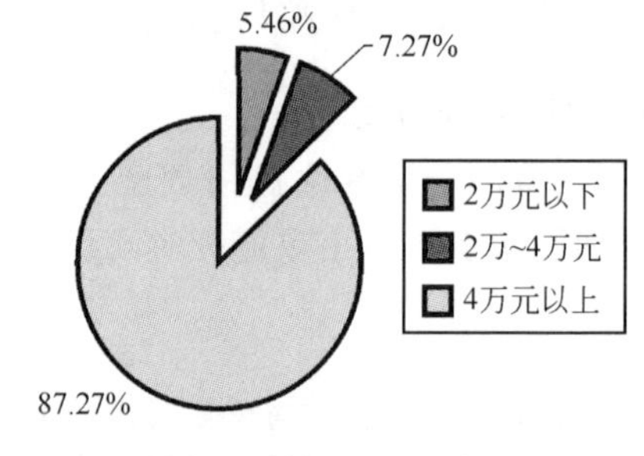

图 2-3-29 “土建费用”调查结果分布图

通过调查统计，灾前土建费用已经很高，地震后灾区重建急需大量建筑材料，到时建筑材料价格恐怕会上涨，将会超出农民的承受能力。

4. 自筹资金

81.82%的受访者只能筹措不到 5000 元的资金，9.09%的受访者可以筹措到 5000～10000 元的资金，5.45%的受访者选择 1 万～2 万元，3.64%的受访者选择 2 万元及以上。如表 2-3-16 和图 2-3-30 所示。

“自筹资金”调查结果 表 2-3-16

自筹资金	统计数量	比例(%)
5000 元及以下	45	81.82
5000～10000 元	4	9.09
1 万～2 万元	3	5.45
2 万元及以上	2	3.64

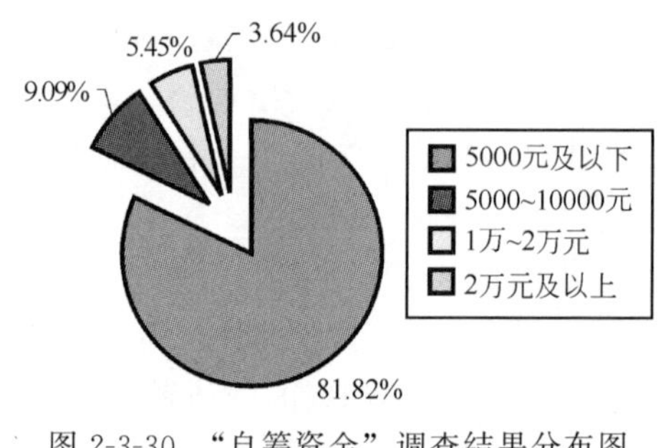

图 2-3-30 “自筹资金”调查结果分布图

3.4.4 重建

1. 重建方式

25.45%的受访者选择自己建设，74.55%的受访者希望政府统一建设。如表 2-3-17 和图 2-3-31 所示。

“重建方式”调查结果 表 2-3-17

住房建设方式	统计数量	百分比(%)
自建	14	25.45
政府统一组织建设	41	74.55

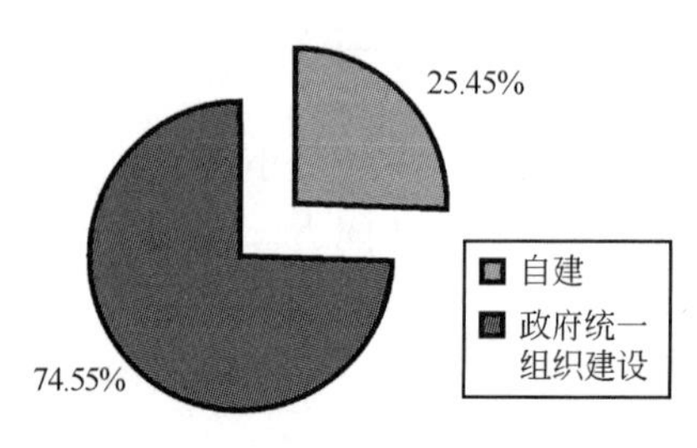

图 2-3-31 “重建方式”调查结果分布图

2. 标准规范、示范图集

85.46%的受访者需要标准规范、示范图集，7.27%的受访者不需要，7.27%的受访者没有要求。如表 2-3-18 和图 2-3-32 所示。

"标准规范、示范图集"
调查结果　　表 2-3-18

是否需要标准规范、示范图集	统计数量	比例(%)
需要	47	85.46
不需要	4	7.27
可有可无	4	7.27

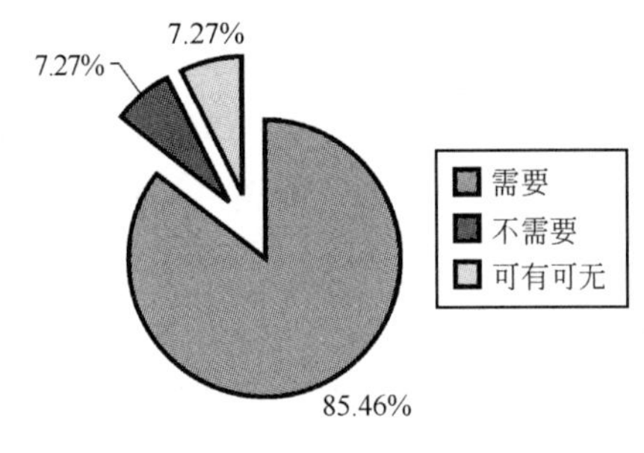

图 2-3-32 "标准规范、示范图集"调查结果分布图

3. 专业技术人员现场指导

94.54%的受访者需要专业技术人员现场指导，1.82%的受访者不需要，3.64%的受访者没有要求。如表 2-3-19 和图 2-3-33 所示。

"专业技术人员现场指导"
调查结果　　表 2-3-19

是否需要专业技术人员现场指导	统计数量	比例(%)
需要	52	94.54
不需要	1	1.82
无所谓	2	3.64

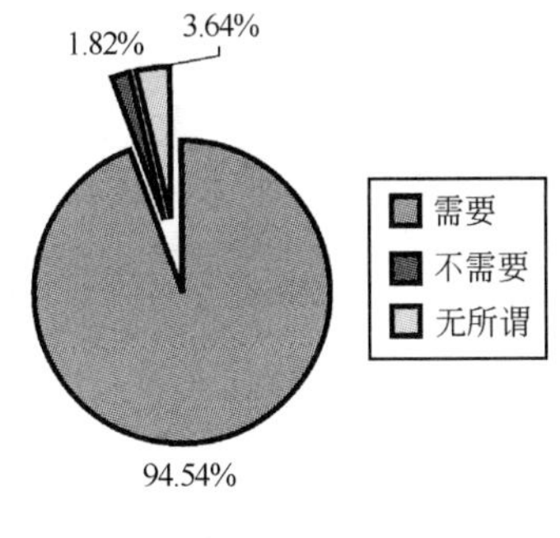

图 2-3-33 "专业技术人员现场指导"调查结果分布图

4. 施工人员的组成方式

20.00%的受访者希望技术人员指导自己家人或朋友建房，1.82%的受访者希望由本地工匠建房，78.18%的受访者希望由政府指派的施工队建房。如表 2-3-20 和图 2-3-34 所示。

"施工人员的组成方式"
调查结果　　表 2-3-20

施工人员的组成方式	统计数量	比例(%)
技术人员指导自己家人或朋友	11	20.00
本地工匠	1	1.82
政府指派的施工队	43	78.18

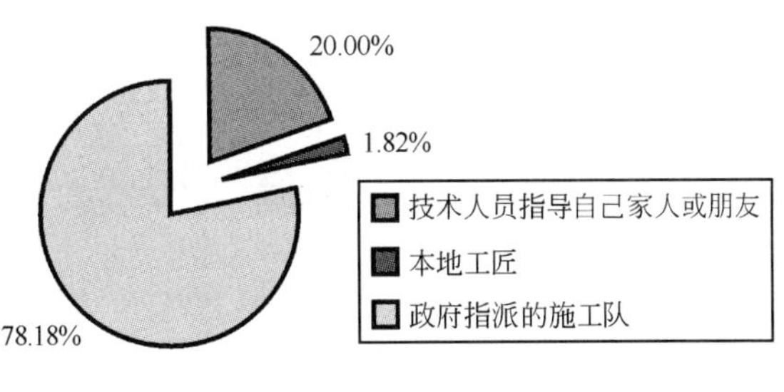

图 2-3-34 "施工人员的组成方式"调查结果分布图

3.5 玉泉镇建筑受损情况

3.5.1 基本情况

玉泉镇桂花村和龙兴村居民以汉族为主，其建筑特色以砖混为主，民居屋盖多采用木檩瓦材体系。“5・12”地震对该村破坏并不大。桂花村和龙兴村许多民房都是2005年以后所建，此次地震很多房子有一定程度的受损，但并未倒塌。

这两个村的民居部分严重受损而未倒塌，实心黏土砖墙，木檩瓦材屋盖简支在墙上，未设混凝土圈梁和构造柱。在纵、横外墙连接处因无混凝土构造柱而出现竖向贯通裂缝，多数支撑木檩的砖墙处有明显的斜裂缝或严重开裂，由于此部位存在应力集中和损伤，地震作用下裂缝容易在此处展开。支撑门廊的黏土砖柱全部断裂，为脆性的剪切破坏。两村建筑受灾情况见图2-3-35～图2-3-46。

图2-3-35 玉泉镇桂花村村委会

图2-3-36 玉泉镇桂花村民居，受损不严重

图2-3-37 玉泉镇桂花村民房纵横墙开裂

图2-3-38 纵横墙开裂

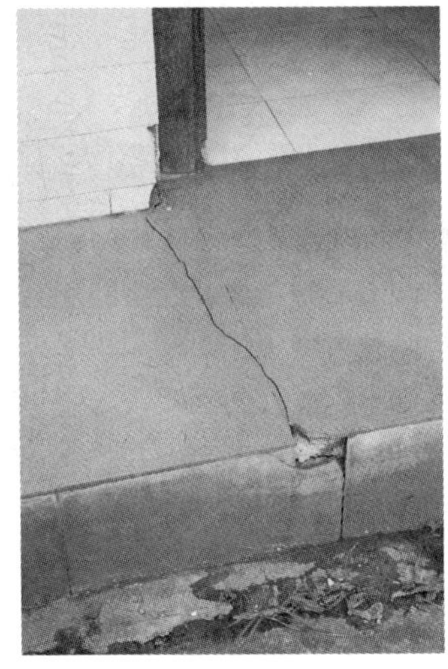

图 2-3-39　基础受剪破裂

图 2-3-40　墙体受剪开裂

图 2-3-41　龙兴村村民委员会

图 2-3-42　2005 年新建的民房，此次受损较轻

图 2-3-43　受损较轻的民房

图 2-3-44　龙兴村民房瓦面脱落破坏

图 2-3-45　龙兴村墙体局部破坏，纵横墙开裂

图 2-3-46　龙兴村受损不严重的民房

玉泉镇虽然距红白镇只有 100 多 km，但不处于断层之上。根据村民描述，此次大地震发生时首先感到上下晃动，随后地面连续振动。地下冒水，一井水上涌达 1m 多高。据调查，该村下有条古暗河，大地震的晃动使表土下沉，浅层古暗河的河水受挤压沿地面裂缝上升至地表，形成喷砂冒水现象，见图 2-3-47、图 2-3-48。

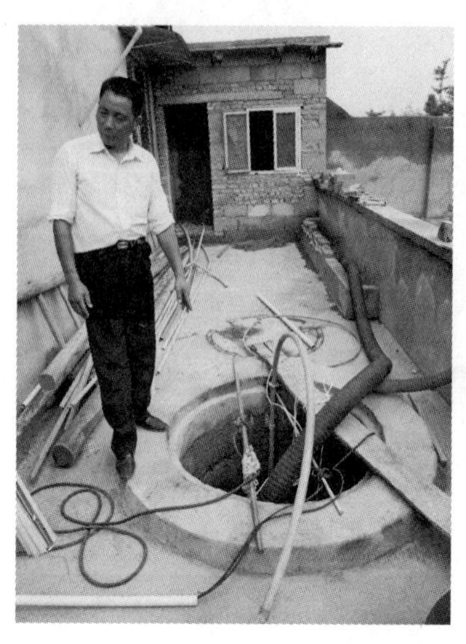

图 2-3-47　地震时，该井涌水达 1m 高

图 2-3-48　地震中受压变形的抽水管道

3.5.2　不同结构房屋受损情况

玉泉镇房屋以实心黏土砖砌体结构—木屋盖为主，也有部分空心砌块砌体。开裂或倒塌的均为空心砌块砌体—木屋盖结构。均无构造柱和圈梁。

当地空心砌块水泥含量极低，主要由砂和卵石组成（见图 2-3-49）。

图 2-3-49　桂花村空心“砂石”砌块

图 2-3-50　桂花村实心砖砌体 1：有壁柱，无圈梁，无构造柱，无裂缝

图 2-3-50～图 2-3-75 显示了玉泉镇不同结构房屋受损情况。

图 2-3-51　桂花村实心砖砌体 1：无裂缝

图 2-3-52　桂花村实心砖砌体 2：地基液化后不均匀沉降裂缝（一）

图 2-3-53　桂花村实心砖砌体 2：地基液化后不均匀沉降裂缝（二）

图 2-3-54　桂花村空心砌块砌体 1：倒塌

图 2-3-55　桂花村空心砌块砌体 2：倒塌

图 2-3-56　桂花村空心砌块砌体 3：倒塌

图 2-3-57　桂花村空心砌块砌体 3：所用砌块

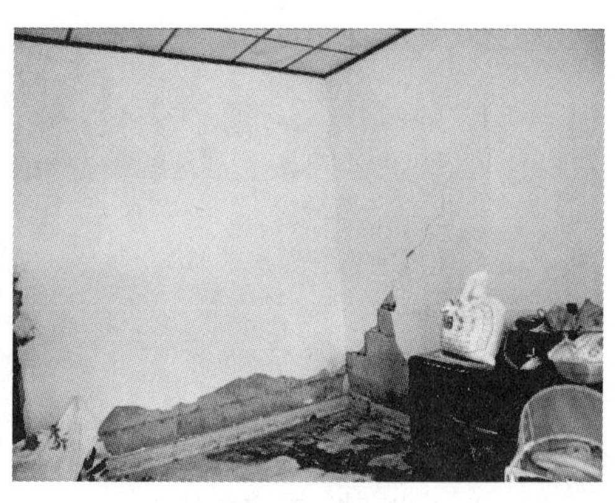

图 2-3-58　桂花村空心砌块砌体 4：剪切斜裂缝

图 2-3-59　龙兴村空心砌块砌体 5：严重开裂

图 2-3-60　龙兴村空心砌块砌体 5：严重开裂

图 2-3-61　龙兴村空心砌块砌体 5：无构造柱，无圈梁，严重开裂

图 2-3-62　龙兴村空心砌块砌体 6：无构造柱，无圈梁，严重开裂（一）

图 2-3-63　龙兴村空心砌块砌体 6：无构造柱，无圈梁，严重开裂（二）

图 2-3-64　龙兴村空心砌块砌体 6：无构造柱，无圈梁，严重开裂（三）

图 2-3-65　龙兴村空心砌块砌体 7：无构造柱，无圈梁，倒塌

图 2-3-66　龙兴村空心砌块砌体 7：灰缝为泥砂

图 2-3-67　桂花村砌体-泥夯混合结构 1：这么大房子共用 6 袋水泥

图 2-3-68　桂花村砌体-泥夯混合结构 1：前面外纵墙采用黏土砖，灰缝以砂浆为主

图 2-3-69　桂花村砌体-泥夯混合结构 1：前面外纵墙采用黏土砖，门廊梁底剪切斜裂缝

图 2-3-70　桂花村砌体-泥夯混合结构 1：横墙采用空心砌块，木屋盖简支在横墙上

图 2-3-71　桂花村砌体-泥夯混合结构 1：严重开裂

图 2-3-72　桂花村砌体-泥夯混合结构 1：后面外纵墙采用泥夯，纵横墙连接处无构造柱，严重开裂

图 2-3-73　龙兴村，图中完全倒塌的房屋为空心砌块砌体 1，东西走向；旁边未倒塌的房屋同样为空心砌块墙体 2，南北走向；本次地震龙兴村东西方向房屋破坏比南北走向房屋严重。后面完好的白色房屋为东西方向的新建黏土砖结构 3

图 2-3-74　龙兴村，图中完全倒塌的房屋为空心砌块砌体 1，东西走向

图 2-3-75　龙兴村，未倒塌的房屋为空心砌块砌体 2，南北走向

3.6　问题与建议

村民对这次的调研工作非常支持，对一个村民进行访谈时经常有许多村民围过来反映受灾情况和对重建的想法。根据对村民访谈所收集的资料来看，目前主要面临十个主要问题：

1. 灾民安置问题

在安置问题上，灾民绝大多数希望原址安置。一方面热土难离，不愿迁走，他们担心没有收入来源，生计没有保证，村民普遍希望政府能够为他们提供最低生活补助；年龄偏大的村民对灾后收入非常担心，如果政府能够为他们提供一定的低保或介绍合适的工作，能够解决生计问题，相信会打消很多人的外迁安置顾虑。另一方面不愿迁出的原因是村民的养老问题，很多年轻人其实不反对城镇化安置，他们只是担心离父母太远，而且并不希望离父母太远。即使由于地震原因，不能在原来的地方进行重建，也希望尽量在自己的乡镇内。

2. 生活保障

村民普遍希望政府能够为他们提供最低生活补助，年龄偏大的村民对灾后收入非常担心。这些地方耕地较少，大多已被占用，且因其年龄条件限制已不能外出打工。以前都是靠在附近打零工维持生计，这次地震完全破坏了其收入来源。为了稳定灾民情绪，建议尽快地建立起一套灾后灾民生活保障机制，稳定灾民情绪。

3. 补助方式

对于灾后政府的补助方式，村民大多不愿意要现金，担心政府补贴的现金发放不到位，中间被克扣，对于政府统一建（修）房很放心。而且如果补助发到他们手里，由村民自己建房，许多村民为了省钱，偷工减料的情况难免出现，工程质量也很难保证。所以，绝大多数人更希望政府能够组织统一建房，在房屋建造过程中，最好能有专门的机构对工程质量以及建设资金进行有效监督。

4. 建材价格

控制灾区建筑材料价格。目前灾区建筑材料价格较高，许多农民已经建不起房子，物价部门应对灾后重建必需的钢材、水泥、红砖等价格进行监控，打击不法商贩的投机行为，把虚高的价格打压下来。

5. 对于危房的处理

龙兴村和桂花村房屋倒塌并不是特别严重，许多房屋需要修缮。要积极鼓励村民进行灾后自救，不等不靠。同时需要派遣大量的专业技术人员进行现场指导，加强抗震措施。对于危房，应尽快组织专业队进行拆除，避免二次受灾。

6. 与新农村建设结合

灾后重建应该与新农村建设有机地结合起来，使这次重建不仅使灾民恢复家园，而且达到新农村建设的水平。

7. 科学选址规避地质灾害

在选址上，一定要把当地重建与适当迁移相结合。当地重建要把两个问题搞清楚：第一就是地震的断裂带要搞清楚，重建时不能在断裂带上盖房子。第二是要对地质灾害进行认真的评估。发生地震之后，要对山体滑坡等地质灾害进行充分评估；在选址的时候必须慎重考虑水资源环境和污染问题这些因素。中国有 30％的国土处在地震带上，地震是不可避免的，但损失是可以减小和避免的。中国有条件采取“免震”措施，尽量向 70％的无地震地区迁移。

8. 基础设施要充分考虑抗震要求

科学合理建设公共配套基础设施，满足抗震要求，增强灾害出现后的应急措施和能力意义重大。在年初，冰雪灾后大家谈到了要抗冰灾、雪灾，汶川地震后基础设施的建设还要充分考虑抗震的要求。

9. 增强防灾意识，建立应急机制

从汶川大地震这次灾难中看到，还需要建立立体的、多种的防范体系，并且对国民加强居安思危、防患意识的教育，要让大家居安思危防范于未然。在全国范围内建立公共应急避险机制，设立公共应急避险场所。

10. 探索城乡统筹一体化之路

要利用好“成渝城乡统筹试验区”这一政策，使地震灾区在一些重点领域和关键环节改革上有所突破，在重建中把改革农民工制度作为统筹城乡的结合点，逐步推进户籍、社会保障以及财政、金融、行政管理等制度的改革。在统筹城乡规划、建立城乡统一的行政管理体制、建立覆盖城乡的基础设施建设及管理、建立城乡均等化的公共服务保障体制、建立覆盖城乡的社会保障体系、建立城乡统一的户籍制度等重点领域和关键环节率先突破，全面加快重建步伐，实现经济社会快速健康协调发展。实行农民用土地换社保。基于中国城市化的发展，可以从战略、全局的高度出发，疏散、迁移一部分，留下一部分，迁移到适合居住和生产生活的地方。是不是可以考虑东部的一些城市群，或者在四川省内解决，把以前的郊区或者农村的人口迁移到城市，这是适合城市化发展的前景。留下来的要把土地资源结合利用，使零乱、分散的农村宅基地形成积聚效应。

第4章 小金县两河乡灾后重建农村建设规划调查报告

4.1 调查工作概况

4.1.1 调查目的与背景

小金组由山东农业大学段绪胜教授担任组长，扬州大学郭熇烽老师担任副组长，一行14人经过两天的长途跋涉，翻越夹金山，克服泥石流、滑坡等地质灾害的危险，克服各种困难，圆满完成了阿坝藏族羌族自治州小金县两河乡9个村庄的典型调查任务。

本次调查活动中，小金组14位师生作为“十一五”国家科技支撑计划“村庄整治关键技术研究”课题组的成员，主要承担对当地建筑设施的震害情况进行总结分析的任务；扬州大学还负责考察川西嘉绒藏族小金、马尔康一带的藏汉传统聚落、建筑。该成果将为接下来的灾后重建、村庄整治工作提供基础资料与技术积累。

4.1.2 调查的内容、范围与方法

调查内容：当地人口、社会经济与产业、卫生、教育、公共设施与基础设施、居住条件、生态环境等诸多方面在灾前、灾后的情况，以及嘉绒藏族小金两河乡、马尔康卓克基等地的传统聚落与民居建筑；对当地民房进行安全鉴定。

调查范围：涵盖两河乡所辖全部9个行政村，以及马尔康的卓克基。

调查方法：采用建筑学研究以及社会学等学科研究常采用的田野调查方法，深入村组与居民交流沟通，对能够反映灾区实况的现场进行拍照，对典型建筑进行现场测绘。调查路线以两河乡政府所在的两河口为中心，分北线、中线、南线三条路线，分两个小队由远及近向中线所在的两个村会合（见图2-4-1）。

4.2 两河乡基本情况

4.2.1 区位

两河乡位于小金县城北，西邻金川县，南接抚边、结斯两乡，东北两面与马尔康、理县交界。南北长约40km，东西宽约35.7km，总面积1035km^2，是全县面积最大的一个乡，境内最低海拔2750m，最高海拔5551m，境内地形多样，随着海拔高度的变化，气候从寒温带到寒带呈现出明显的季节差异，四季分明，雨水充沛。

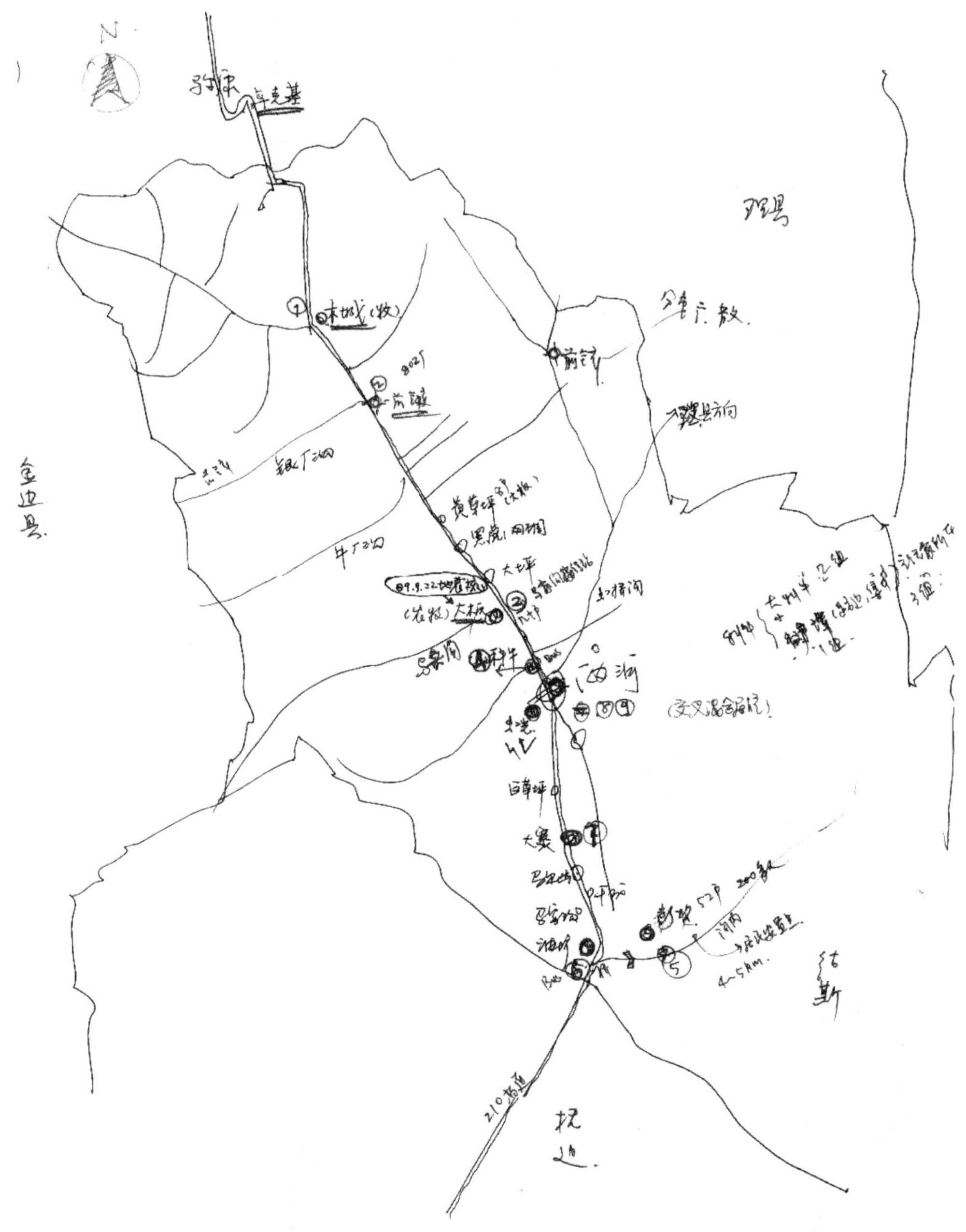

建设部灾后重建规划调查组三分队赴两河乡调查路线图

北线：木城→前锋→大板→科牛

南线：彭坝→油坊→大寨→

中线：两河、虹光

2008.6.16

图 2-4-1　调查路线设计草图

全乡辖 9 个行政村（见图 2-4-2），分别是木城村、大坂村、前峰村、大寨村、虹光村、彭坝村、科牛村、油房村和两河村，27 个村民小组，人口 4889 人，居住着藏、羌、回、汉等民族，其中藏族人口占 74%，全乡以农业经济为主，辅以牧业经济，耕地 6997 亩，退耕还林地 1213 亩，主产油菜、小麦、绿豌豆、胡豆、玉米等农作物，其中油菜年亩产量稳居全县前列。牧草地 5633hm^2，森林 6660hm^2，是全县森林面积最大、林木蓄积量最多的地方，超出全县平均值 6 个百分点。全乡自然资源丰富，盛产贝母、羌活、虫草等多种名贵中药材，松茸、羊肚菌等野生食用菌资源也很丰富。全乡社会文化事业蓬勃发展，有完小 1 所、村小 5 所，卫生院 1 所、村卫生站 6 个，老年协会 1 所，敬老院 1 所。全乡交通便捷，信息畅通，省道 210 线贯穿境内，村村通公路，移动电话、固定电话覆盖全乡 50%的区域。

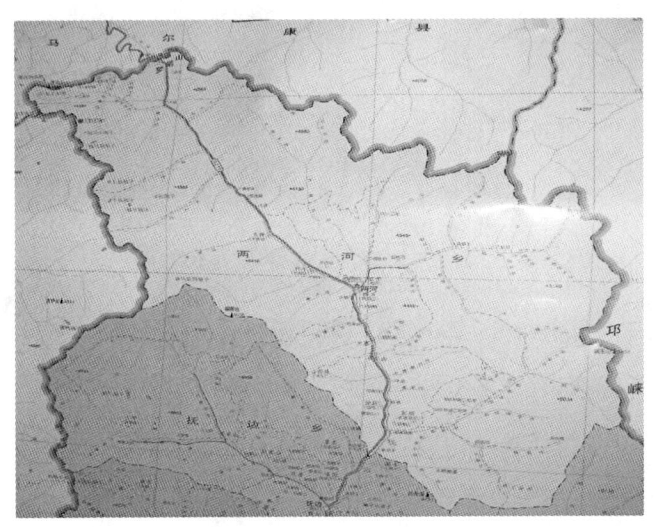

图 2-4-2　两河乡地图

4.2.2　历史

两河乡是抚边河的发源地，因地处抚边河与虹桥沟两条河流的交汇处而得名，史称两河口。两河乡蕴含着厚重的历史文化底蕴，特别是近代历史在此浓墨重彩：清乾隆皇帝金戈铁马两度用兵大、小金川时就在境内的大板村驻兵设屯，沙场点兵；中央红军长征于此，审时度势，力挽狂澜，召开了永载史册的“两河口会议”，如今成为全国重要的思想教育基地。

4.2.3　气候特征

两河乡的气候具有明显的山地区域垂直分布差异，海拔高差悬殊，地形复杂，气候差异显著。随着海拔高度的变化，气候从寒温带到寒带呈现出明显的季节差异，四季分明，雨水充沛，常年最高气温 32℃，最低气温－18℃，年平均降雨量 897mm，无霜期 86d。

4.2.4　生态环境

1. 水源

当地雨水充沛，水源极富特色，多为高山积雪融水，水质清澈。当地居民的饮用水水源主要是山泉水，即从高山处集体取水，部分村民饮水源来自河流。有部分水源地还含有大量砷元素，部分村民因此患有大骨节病。

震后，供水水源地因地质构造发生改变，切断水脉；供水设施受地震影响损毁严重，管网断裂，造成大面积供水中断，致使当地居民已经无法正常饮用自来水（见图 2-4-3）。

2. 污水、垃圾

目前两河乡 9 个自然村都没有污水排放及净化处理设施。靠近省道的聚落将雨水、污水直接沿沟渠排往河流排入路沟，在其他位置的聚落一般靠地势自由排放。垃圾的处理没有固定方式，随意丢弃。猪、牛、羊基本散养，环境污染严重。

3. 植被

境内植被复杂多样，科系较全，垂直带谱典型完整（见图 2-4-4）。随着海拔的不同，植被呈阶梯变化，由古柏到草甸逐渐过渡，植被覆盖率在 90%以上。震后，泥石流、塌方等次生灾害的发生，对当地植被破坏严重。

图 2-4-3　来自梦笔山的水流经两河全境

图 2-4-4　木城的植被

4.3　两河乡经济社会发展状况

4.3.1　人口状况与民族组成

据最新一次的官方统计数据显示，全乡人口 4889 人，民族构成上由藏、羌、回、汉等组成，其中藏族人口占 74%，该地区藏族人口信奉的宗教为苯波教，即苯教，苯教历史悠久，是一种原始的释物教。它所崇拜的对象是世间万物，如天、地、日、月、土、石、山、水、星辰、雷电、草木、飞禽、走兽等，总之苯波教是一个多神的教派，它认为神灵无处不有、无处不在（见图 2-4-5）。

图 2-4-5　当地人口组成

根据调研小组抽样调查显示，在人口构成上，年轻人口外出务工，学龄儿童少年外出求学，当地居民以中老年人群居多，呈老龄化趋势。在人口密度上，由于当地自然条件的限制，居民点呈点式布置，村民于地势平缓水草丰富处集中安居。

4.3.2 移民与教育状况

由于当地村落比较分散，即使同一个村之间居民点也比较分散，加上大骨节病的影响（见图 2-4-6），故各村办小学多已撤销，另择乡镇县城等地集中办学，这部分学龄少年儿童多住校、寄居在亲戚家或者家长陪读。当地居民对下一代的教育比较重视，然而中老年居民受教育程度偏低，多数为初中甚至小学以下水平，在调查中，仅个别群众能独立完成调查问卷，为数不少的群众仅限于会写自己的名字（见图 2-4-7）。

图 2-4-6　当地流行的大骨节病

图 2-4-7　儿童在已关闭的学校操场上游戏

4.3.3 经济活动特点

受自然条件的限制和教育程度的局限性，当地居民与外界交流较少，商业意识淡薄，故造成了经济发展欠发达的现状。两河乡政府所在的村镇是整个两河乡的经济活动中心，存有少量的商店和服务设施，满足当地居民的日常生活需要。经济活动随各个村镇的自然条件不同和所属民族的不同而有显著差别，如科牛以汉族、回族为主，从事的产业为种植业；大板则半农半牧；而木城的构成中，藏族占绝大多数，从事的产业以放牧为主。由于所从事的产业不同收入也有差异。就整体调查情况而言，放牧的收入要高于半农半牧，而半农半牧的收入则又高于单纯的种植。

4.3.4 主要就业门类和收入来源

两河乡居民从事的产业有种植农作物、蔬菜，放牧，挖药卖药，外出务工，少数人从事第三产业，或在林业部门从事体力劳动，极少一部分在政府部门任职或从事脑力劳动。调查显示，很大一部分人无业或无能力从业，或依赖政府救助，或依赖村民帮扶。药材资源，近几年由于过度挖掘，面临枯竭。总体而言，整体相对贫穷，落后程度严重（见图 2-4-8）。

除传统的收入方式外，两河乡境内自然风景迷人，雪山、森林、草甸、湖泊浑然一体，交相辉映，大小景点连贯相接，是休闲度假、观光旅游、高原探险的理想去处。目前“三沟一址一墓”旅游路线已形成，玛嘉沟风景区和两河口会议会址已经迎接八方游客，

图 2-4-8　当地的农业、畜牧业以及旅游资源

其他景区也被列入开发计划。同时，古朴典雅、独居情调的嘉绒藏族民俗民居，也吸引着大量的游客前往（见图 2-4-9）。

图 2-4-9　当地的旅游资源

4.3.5　收入水平

当地居民人均耕地较少，以两河村为例人均只有 1.2 亩耕地，土地相对匮乏，经济活动形式单一，旅游产业的开发尚处于起步阶段，故当地居民的收入较低。调查发现，单纯从事农业的农户年人均收入在 2000～3000 元，而半农半牧的则在 4000～5000 元，专门从事放牧的群众较为富裕，年收入在万元左右。另外，部分村民靠领取政府养老金或者政府救助金维持生活。

4.3.6　医疗卫生服务与学校

根据调查，当地有卫生院 1 所，村卫生站 6 个，老年协会 1 所，敬老院 1 所。通过现场观察访谈，发现卫生服务设施条件简陋，医疗设备缺乏，常用药材紧缺。

学校因资源整合的需要，原各村办学校现多已撤销，改为集中办学，但在此次地震中，合并后的两河乡中心学校三座教学生活用楼均受到不同程度的损坏（见图 2-4-10），出于安全考虑，教学楼与食堂已停止使用，现该校学生停课在家，待活动板房建好后复课。

4.3.7　交通与通信

1. 交通与出行方式

两河乡的道路呈“一纵三横”分布，一纵是 S210（卓小公路），这是乡内的主动脉，被当地居民称为“生命线”。三横是通往三大景区（玛嘉沟、虹桥沟、霸王沟）的公路，

图 2-4-10　两河乡中心学校受损校舍

目前这三条沟的公路除玛嘉沟外，其他多为毛路。两河乡政府 2007 年筹资 9 万元修通虹桥沟 6km 砂石路，其中地方财政支持 5 万元，当地村干部自筹 4 万元。在此次汶川大地震中该路损毁严重，当地群众已无力维修。其他村内道路及农牧生产道路基本上为土路（见图 2-4-11）。

图 2-4-11　当地道路交通情况：210 省道，村内道路

目前两河乡交通出行方式呈私人小汽车、公共汽车、摩托车、自行车、三轮车、马车和步行并存的混合格局。乡内出行农牧民大多依赖骑马、步行或搭过路便车。

2. 通信设施

在对大板、科牛等村庄的抽样调查中发现，固定电话迄今仍没有进村，与外界的联系仅限于为数很少的手机。在走访中也没有发现农牧民家庭中拥有电脑，互联网更无从谈起，仅在乡政府可以上网。卫星电视在当地比较普遍（政府发放），但由于电力供应的问题，广播电视常常无法正常收看，很多村民家庭中的电视机成为摆设，造成当地信息闭塞。调查中发现，对于 2008 年 5 月 19 日至 21 日为期三天的全国哀悼日，很多当地农民竟一无所知。震后，当地移动通信也被迫中断，而我们在两河乡调查的这段时间，也因此与外界失去联系。

4.3.8　电力供应

1. 小水电

当地在震前的电力供应方式以各村自建的小水电为主。以木城村为例，小水电的功率仅为 3kW，只能维持十几户村民的照明，无法满足各类家用电器的使用，寒冷季节，河流结冰，小水电不能正常使用，村民在天黑前多采用燃烧木柴融化积冰的方式来短暂运行小水电，以满足晚间短时照明（见图 2-4-12）。

图 2-4-12　当地的小水电在汶川地震中的受损情况

当地政府曾自筹资金 300 万元在两河口修建了一座水电站，但由于工程质量及管理不善的原因，水电站一直未能发挥其应有的效用。

2. 太阳能

太阳能电池板也是当地农牧民发电的一种方式，但所起到的作用非常有限。每块太阳能板一天收集的太阳能仅可以维持一盏灯的照明。尽管受访村民普遍表示太阳能板的价格比较昂贵，一般村民承受不起，但他们仍然希望采用这种清洁能源（见图 2-4-13）。

图 2-4-13　太阳能发电设备在农牧民家庭中的运用

3. 震后情况与国家电网建设

震后，当地的小水电设施绝大多数被破坏，整个两河乡的电力供应完全中断。在调查期间，江西电力公司的员工正在两河地区紧张施工，全力进行电力抢通，预计 2008 年 6 月 21 日可以正式接入国家电网，而村民为了能用上国家电网的电，普遍推迟进山游牧的时间，纷纷投工于电力抢通。

4.3.9 供水与排水

1. 供水

当地居民从高山泉水直接引自来水供生活饮用，一般依据聚落分布以及水源位置分片区供水，中间没有经过任何加工处理。简易自来水管网为村民自己投资投工建设，故在使用过程中不用再支付费用。两河乡各村震后供水设施都遭到不同程度的破坏，以科牛村为例，有六处水源点及近千米管网遭到破坏，自流水源灭失，已经严重影响了居民的正常生活（见图 2-4-14）。

图 2-4-14　自来水供应

2. 排水

污废水的排放，没有经过系统的规划，也没有具体的处理设施，村民多随意处理，任由其与饮用水混合，污水及日常生活产生的废水与饮用水的混合，已经对当地居民的生活状况构成威胁，当地居民虽意识到了这个问题，但由于经济条件的局限，无力改善现状（图 2-4-15）。

图 2-4-15　污水排放

4.3.10 卫生设施与垃圾处理

当地卫生设施匮乏，条件简陋，以厕所为例，除卓克基每家每户设置厕所外，其他村落多设置公共厕所，厕所多为木材简易搭建而成，排泄物也没有相应的处理方式，任由其露天放置，牛羊等牲畜的粪便在村落里也随处可见。

当地居民的环保意识薄弱，生活产生的垃圾也没有集中处理的方式，村民多随意丢弃，且沿河丢弃较多，对当地水源构成威胁，当地环境也因此破坏严重（见图 2-4-16）。

图 2-4-16　垃圾处理

4.3.11　能源供应

居民日常生活做饭、烧水、取暖等多用木柴（见图 2-4-17），因当地拥有丰富的森林资源，当地政府划出指定区域按每户人口数规定每年的用材量，能源的供应基本上可以保证。

图 2-4-17　当地农牧民宅前堆放的木柴

4.4　两河乡藏汉民居

两河乡地处抚边河与虹桥沟交汇处，其所辖 9 个村寨多沿水源丰富、山脚地势平缓处分布，受地形条件的限制，部分聚落沿山坡各水平带层层展开，少数散户分布在较高海拔的山腰或偏远山沟。聚落一般由数户乃至数十户形成，建筑单体组合灵活，充分利用地势的高低起伏，每一座民居都能获得良好的自然条件，建筑群体的层次感强烈（见图 2-4-18、图 2-4-19）。

图 2-4-18　两河乡木城村

图 2-4-19　马尔康宗寨

两河乡位于四川西部，属于嘉绒藏族分布区，另有汉、羌、回、彝等民族。建筑风格以藏式石构碉楼为主。1989 年 9 月 22 日阿坝发生 6.6 级地震，震中位于两河乡大板村，两河乡建筑几乎全部垮塌。灾后重建时，在当地政府的引导和当地农牧民的参与下，重建建筑吸收了汉族传统民居穿斗式结构技术，充分利用当地材料，并部分保留了嘉绒藏族民居的特点，经过近 20 年的发展与改进，逐渐形成了一种全新的民居样式，我们姑且称之为“两河藏汉民居”。

4.4.1 传统嘉绒藏族民居的一般特点

1. 布局与空间

平面布局呈长方形或近方形，多为三～四层，高数米至十余米不等。空间布局紧凑，无院落，防御性较强，底层基本不开窗，作牲畜圈、柴房、工具房，二层以上开大小不等的窗及观察孔数个。其中二层作客厅、厨房与住房，三层设经堂、客房、杂物房等，三层以上与屋顶之间架空，放置杂物（见图 2-4-20）。

2. 材料与结构

建筑由墙体与框架柱共同承重，建筑外墙一般由石墙承重，墙体向内收分，采用片石与块石砌筑，底层墙体厚达 40～70cm。内部空间由木框架梁柱或石墙分隔（见图 2-4-21）。

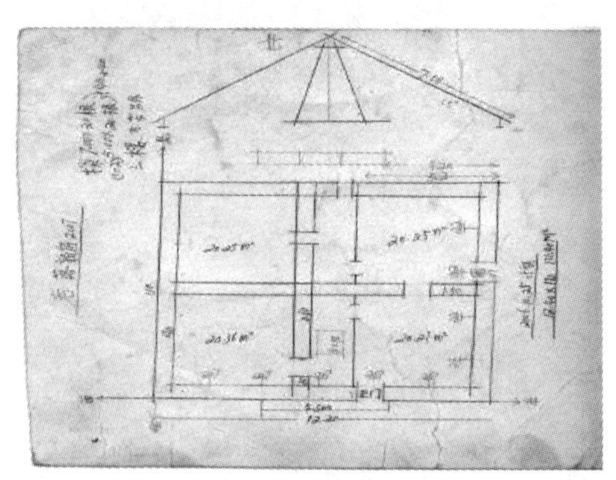

图 2-4-20　院落新房平面图

图片来源：卓克基藏民哈尔甲自绘

图 2-4-21　墙体收分

3. 造型特征

传统嘉绒藏族民居与地形结合巧妙，依山就势，错落有致，完美地融于自然环境中。单体建筑形象、厚实、稳重，在屋顶的处理上，以夯土平屋面为主，亦有平缓的坡顶（见图 2-4-22）。后墙顶中部建一梯形台状空心石塔称日尔康，塔腹内置放青稞、小麦等粮食的陶罐，用以敬献天神与祖先神（见图 2-4-23）。

4. 装饰与细部

装饰主要表现在纹样和色彩运用上。

色彩方面，藏族居民多喜欢浓郁鲜艳的色调，以红、黄、蓝、绿等重彩为主，体现民族粗犷奔放的审美情趣（见图 2-4-24）；而在纹样的运用上，受其宗教信仰的影响，多用白灰在墙面涂画日、月、土、石、山、水、星辰、雷电、草木、飞禽、走兽等形象，风格拙朴，也有在木作装修上仿汉族建筑彩绘，但图案相对简单。装饰部位多在窗框、门框，而在室内装饰上，则选择客厅进行重点处理（见图 2-4-25）。

图 2-4-22　马尔康卓克基藏民居

图 2-4-23　卓克基哈尔甲宅日尔康

图 2-4-24　藏汉民居色彩的运用

图 2-4-25　某藏汉民居客厅

砌体细节处理：建筑顶部转角处常做尖角耸石，称为法角，其上置白石若干，代表自然界诸神（见图 2-4-26、图 2-4-27）。

图 2-4-26　建筑转角处的法角

图 2-4-27　法角上的白石

4.4.2　两河藏汉民居的特点

通过调查发现，两河藏汉民居与传统嘉绒藏族民居在型制、风格等方面存在着一定的相似性和差异性。现通过以下几个方面的比较，试图说明新形成的两河藏汉民居的特征。

1. 布局与空间

两河藏汉民居一改传统藏族民居高耸的形象，建筑多以一～二层、几个垂直布置的单体建筑相互围合，形成院落空间，空间领域感更趋于开放。

平面布局上，主体建筑中轴对称，多三开间构图，底层明间为客厅，两旁为卧室，无檐廊。二层外纵墙退后产生檐廊，形成灰空间，二层房间常作卧室和储藏室用。附属房间多作厨房，内置火塘或回风炉，供取暖、烧饭使用，为家庭主要起居空间（见图 2-4-28、图 2-4-29）。

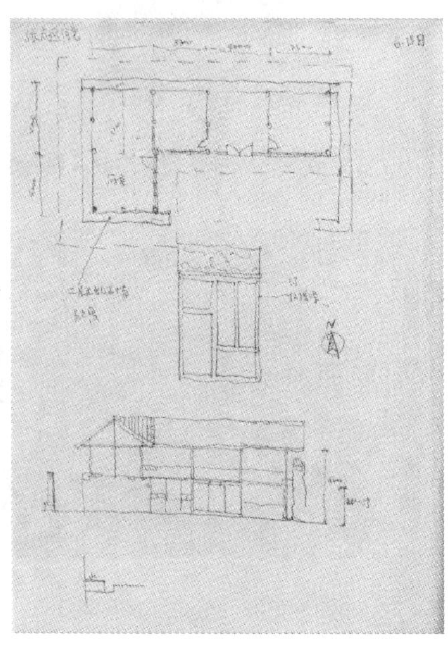

图 2-4-28　张志远住宅现场测绘草图

图 2-4-29　张志远住宅现场调研测绘

由于当地人口中相当一部分为藏族，存在宗教信仰问题，但已很少在住宅内部单设佛堂，常在聚落附近的平缓坡地上建一白塔，从事宗教活动。有些家庭里面常供奉班禅像，但更多的是毛泽东的头像。

2. 造型特征

建筑整体造型稳重，比例尺度宜人，从上到下呈典型的三段式构图（见图 2-4-30）。

上面为出檐深远、平缓舒展的坡屋面；

中间为色彩华丽的木柱、梁枋、花隔栅等木构件；

下部为敦实稳重的当地石材或夯土围护墙体。

墙面施以素绘，有一定的收分。屋顶多为坡屋顶，坡度平缓、出檐深远，可达 80～100cm，主要有以下作用：

（1）适应气候条件，当地雨水充沛，排水方便，屋面以小青瓦和机平瓦冷摊为主。

（2）当地日照强烈，紫外线辐射强，檐口出挑可有效地保护墙体与木构件。

（3）檐口下部为外走廊，檐口出挑可以保证雨天的活动空间，同时也保证了墙体不受雨水侵蚀。

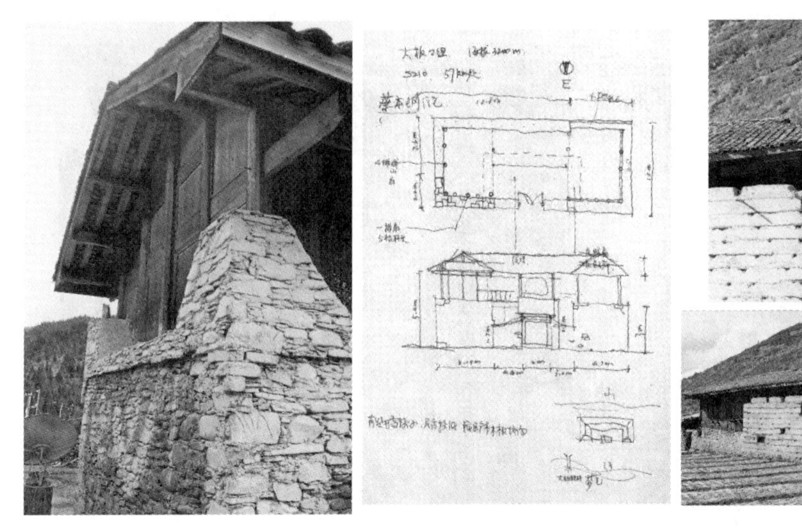

图 2-4-30　大板藏民住宅

3. 装饰与细部

在装饰上两河藏汉民居较好地传承了藏式建筑的基因，主要表现在木构件涂饰、门窗彩绘、石墙素绘等方面，较完整地反映了嘉绒藏族建筑的装饰特点。比如，在色彩的运用上、装饰图案的式样上，乃至装饰的部位上，都同传统嘉绒藏族民居有着很大的相似性，但在色彩搭配技巧与装饰构件尺度上要更胜一筹，相对考究（见图 2-4-31、图 2-4-32）。

图 2-4-31　苯教释物教崇拜在当地建筑装饰上的表现

而在屋顶与墙顶的处理上，较少使用法角，在一定程度上具有汉族民居的以下特点：

（1）在屋顶的中轴线上，用小青瓦叠成莲花状形式，汉族也有类似做法；

（2）檐口的封檐板、山墙的搏风板做法具有浓郁的汉民居特色。

4.4.3　两河藏汉民居存在的问题

1. 结构、材料、工艺对民居抗震性能的影响

通过本次震后民居现场调查，发现民居建筑的抗震性能受以下几个因素影响：

结构形式：穿斗结构体系比较明确的建筑，在此次地震中经受住了考验，几乎没有发生倒塌或结构严重受损的情况，对于其他木结构体系不完善、结构逻辑体系混乱的住宅多出现不同程度的震害。此外，用石墙承重较多的建筑，受损情况严重，开裂、局部崩塌、垮塌情况较多，如彭坝村。

图 2-4-32　两河藏汉民居木作彩绘

材料：石材砌体墙的整体性往往对材料的选择十分敏感，大尺寸片石夹砌块石的整体性优于碎石砌筑，通缝不易发生，多棱角石材优于卵石。

工艺：砌筑时，有转角起拱或墙体垂直收分的建筑抗震性能较好，卓克基的住宅基本没有受到大的影响，可作为例证。此外，在墙体砌筑时，不留通缝也很重要。

具体分析说明详见表 2-4-1。

两河藏汉民居不同结构、选材、工艺及震后情况对比　　　　表 2-4-1

结构			
	穿斗结构	石木结构	砌体结构

续表

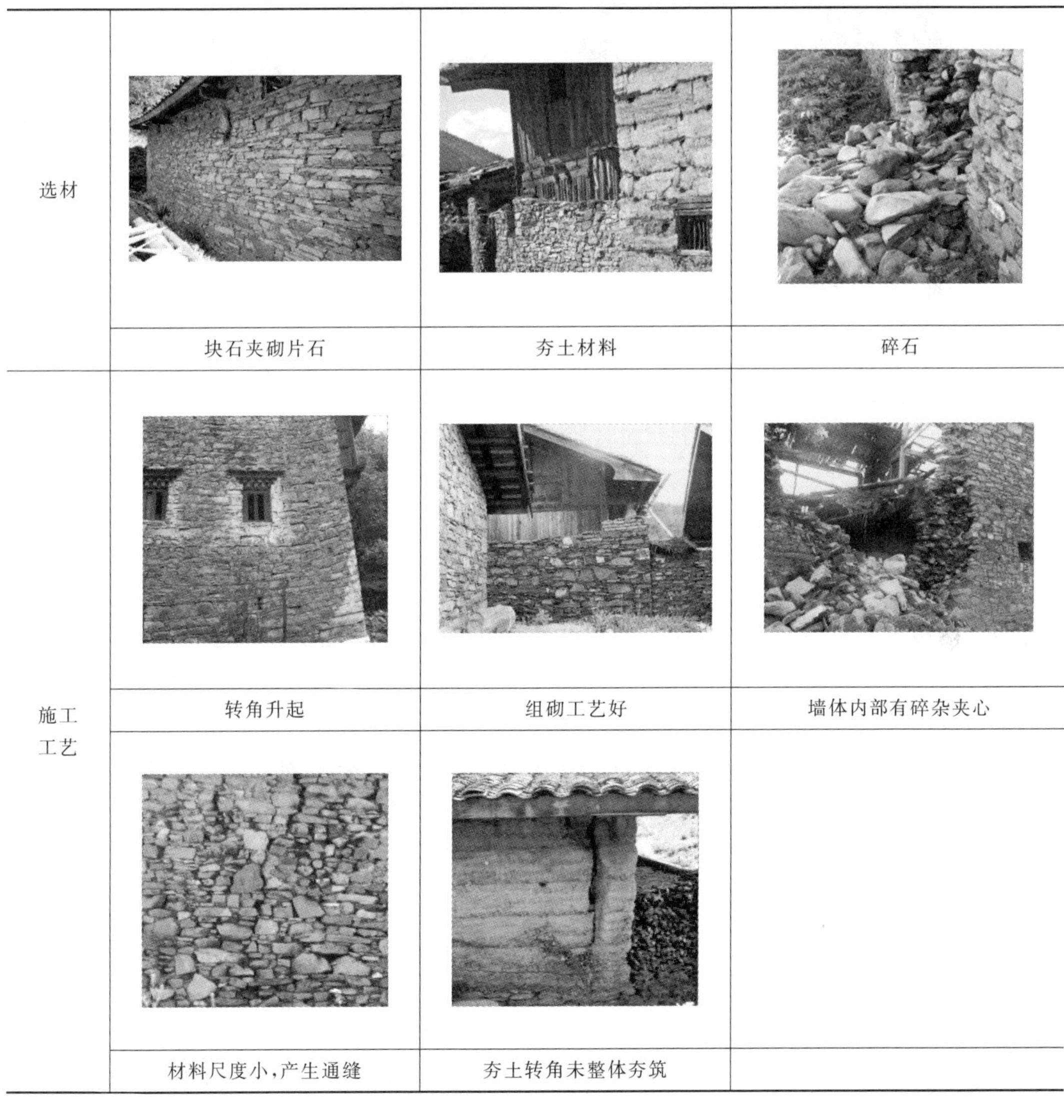

选材	块石夹砌片石	夯土材料	碎石
施工工艺	转角升起	组砌工艺好	墙体内部有碎杂夹心
	材料尺度小,产生通缝	夯土转角未整体夯筑	

2. 藏汉民居存在的问题

通过以上比较与分析，可以看出藏汉民居发展仍然没有成熟，但通过此次汶川大地震可以看出，同传统藏族住宅相比，藏汉民居仍有巨大的优越性。存在的问题主要表现为：

（1）平面功能布局不合理，空间利用不够充分，存在面积相对过剩问题，厕所及附属功能设施配套不全；

（2）当地民居往往是村民自主建设，缺乏专业技术指导，结构体系逻辑不清，导致穿斗木结构良好的抗震性能得不到很好的发挥，如大板村李富贵住宅，主木柱仅有两根落地，其余木柱立于夯土墙顶，结构稳定性极差（见图 2-4-33）；

（3）二层以上木板墙体密封性不好，导致建筑二层以上室内的物理环境较差，在遮风避雨、保温隔热方面不能满足要求，往往空置，利用不充分，居民习惯在主房一侧另建一座保温隔热性能好的石构单层建筑供日常起居；

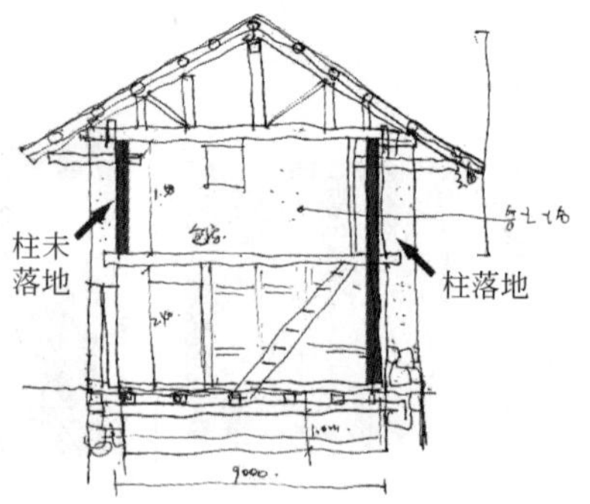

图 2-4-33 结构体系混乱的李富贵住宅立面、剖面示意图

（4）木结构主体抗震性能虽好，但容易受雨水及虫害的侵蚀，防火性能差；石材围护墙体虽便于就地取材，但常因选材尺寸不合理，组砌工艺不良，而导致轻重不等的震害。

4.4.4 藏汉民居的前景

1. 藏汉民居的价值

两河乡地区，在经历了 1989 年的“9·22”地震后，当地老百姓对建筑抗震已有一定的常识，积累了不少宝贵经验，经过近 20 年的发展才形成了两河藏汉民居风格。新藏汉民居在抗震方面具有巨大的优越性；在材料的利用上则便于就地取材，节省了建筑成本和建造时间，又能很好地与当地环境融为一体。它是嘉绒藏族传统民居在新时期的发展，是劳动人民社会劳动经验的积累和智慧的结晶，是大自然的选择，对此进行研究，对“5·12”汶川大地震震后重建工作具有重要的指导意义与研究价值。

2. 藏汉民居面临的风险

尽管两河区域地处偏远，交通不便，但随着经济社会的发展，人们生活水平以及对外交往频度的提高，外来的建筑风格、材料与工艺已经对两河藏汉民居产生了一定的影响，如面砖、彩钢板、铝合金、塑钢门窗、钢筋混凝土材料的运用，对原有纯朴的建筑风貌产生了负面影响（见图 2-4-34）。

图 2-4-34 非传统材料对建筑风貌的影响

在灾后的大规模重建和修复中，应谨慎选择外来现代材料、结构、工艺与现成构件，以防止对藏汉传统聚落风貌产生侵蚀。

3. 发展展望

结构体系不够明确、选取石材不够合理、砌筑工艺不够成熟等一些问题在此次汶川大地震中反映了出来，在解决了这些问题后，可以想象两河藏汉民居拥有广阔的发展前景。在灾后重建中，两河藏汉民居将会对附近民居发展产生一定影响。

4.5 震害情况及分析

4.5.1 震害情况

距离映秀仅 30km 的两河乡是此次地震的重灾区，“5・12”汶川大地震对两河乡村民的房屋、村庄的基础设施、农业生产都造成了不同程度的破坏和损失。课题组经过现场调查，对民房的破坏形式、毁坏机理等多方面进行了分析，得出以下结论。

1. 村民房屋

震后村民房屋的破坏情况因建筑所处的地理位置、地基情况、结构形式、房屋构造、建筑层数、墙体厚度、内横墙间距以及内墙开洞情况的不同而异。

石木结构的破坏情况有倒塌、纵横墙拉裂、墙体变形、纵墙或横墙受剪出现斜裂缝、山墙山尖墙体倒塌、墙体整体外倾、梁下墙体出现垂直裂缝等，见图 2-4-35～图 2-4-38。

图 2-4-35 两河乡大寨村牟贵富家房子倒塌

图 2-4-36 两河乡大寨村明从志家墙体失稳

图 2-4-37 两河乡油房村刘世永家纵横墙拉裂

图 2-4-38 两河乡木城村墙体出现斜裂缝

穿斗式木构架建筑，主体结构基本完好，部分木结构房屋因外砌围墙（木构架 60～100mm 处砌筑 400mm 厚的石墙）倾斜致使木构架压斜（见图 2-4-39、图 2-4-40）。

图 2-4-39　大寨村穿斗式木构架建筑基本完好

图 2-4-40　木城村穿斗式木构架建筑基本完好

底层石木结构、二层为木构架建筑的破坏见图 2-4-41、图 2-4-42。

图 2-4-41　两河乡前峰村王安全家

图 2-4-42　两河乡大寨村冯开成家

夯土墙木屋架建筑的破坏形式为部分墙体倒塌、墙体外倾、墙体竖向裂缝等，见图 2-4-43、图 2-4-44。

图 2-4-43　居民房屋墙体外倾

图 2-4-44　居民房屋墙体竖向裂缝

2. 基础设施

桥梁破坏的主要原因是洪水冲毁桥板，桥体出现裂缝，主要构件有不同规模的裂缝，个别桥梁受损严重（见图 2-4-45）。

道路破坏形式主要有泥石流冲毁，山体滑坡掩埋，滚石砸毁路面，洪水冲毁路肩，道路劈裂、垮塌等。路基下边坡纵向裂缝严重，路基开裂下沉，边坡崩塌、土石堵塞公路，呈串珠状零星分布。因地震发生后水库紧急泄水，几处穿越路面、漫水路段的路面有不同程度的侵蚀破坏，局部石砌护坡冲毁（见图 2-4-46）。

图 2-4-45　彭坝村冲毁后修复的桥梁

图 2-4-46　彭坝村冲毁的道路

供水水源地因地质构造发生改变，切断水脉；供水设施受地震影响毁损严重，管网断裂，造成大面积供水中断。

4.5.2　震害分析

1. 石木结构破坏的原因

（1）砌筑方式不合理

传统藏族民居石砌墙为收分式，底宽上窄，外墙底宽 1～1.2m，内墙底宽约 0.8m，墙顶宽约 0.45m，墙体两侧多由大块片石砌筑，墙中填充碎石，墙体横向有一定拉接。采用收分的砌筑手法，墙体坚固耐用，抗震性能好。1989 年 9 月 22 日小金县北部两河乡发生 6.6 级地震，离小金县 55km 的马尔康地区的藏族民居建筑大多完好无损。

目前，藏族民居虽延续了传统的砌筑方式，但收分的砌筑手法基本不再使用，墙体厚度也远不及从前（厚度大多为 0.4～0.6m），所选用的石料块材尺寸较小，两片墙之间的拉接已不能满足要求。故在地震作用下，容易造成墙体失稳倒塌或墙体向两侧分离（见图 2-4-47、图 2-4-48）。

图 2-4-47　两河乡大寨村房屋破坏情况（一）

图 2-4-48　两河乡大寨村房屋破坏情况（二）

(2) 缺少相应的构造措施

纵、横墙连接处建筑角部缺少必要的构造柱。两河乡地处高原峡谷地区，交通不便，经济落后，钢筋、水泥、建筑用砂等建筑材料价格昂贵，绝大多数居民无力承担。墙体连接处基本靠片石拉接，因石材规格不统一，无法保证墙体的有效连接，造成房屋整体性差，地震时房屋墙体无法协同工作，致使墙体连接处开裂或房屋角部倒塌（见图 2-4-49）。

墙体与楼板层缺少圈梁。两河乡民居楼楼板大多采用木梁、木楼板，楼板与墙体之间缺少必要的连接，在水平地震力的作用下，墙体缺少水平支撑，无法保证墙体的稳定性，致使墙体平面处失稳、开裂或倒塌。前锋村二组村民金勇的住宅为 2000 年建造的两层石木结构，建筑平面为 L 形，建筑面积约 450m^2，因楼板与后墙无可靠连接，在本次地震中后墙外倾约 100mm。与其相邻的本组村民陈贵富的住宅与金勇的住宅在方向、层数、结构形式、建筑面积和高度方面基本相同，该住宅后墙在楼板层位置增设了一道木梁，木梁与木楼板连接较好，其作用相当于在后墙的楼层部位加了一道圈梁，在本次地震中后墙仅外移约 2mm（见图 2-4-50）。

图 2-4-49　某房屋纵横墙拉裂

图 2-4-50　两河乡油房村邓宗衡的房屋无圈梁

(3) 砌筑砂浆强度低

两河乡民居所用的砌筑砂浆为当地黏性土，强度低，粘结力、耐久性差。许多旧房砌筑砂浆大部分脱落，严重影响砌体的强度和整体性，无法抵抗强大的地震剪力和惯性力，致使墙体受剪破坏或倒塌（见图 2-4-51、图 2-4-52）。

图 2-4-51　两河乡所用砌筑砂浆为当地黏土

图 2-4-52　黏土与石材相分离

2. 穿斗式木构架建筑破坏原因

穿斗式木构架建筑其结构形式如同框架结构，梁柱采用卯榫连接，其节点连接形式为弹性节点，可有效吸收地震力，增大了结构的阻尼比，抗震能力大大加强。在本次地震中，两河乡穿斗式木构架民居基本完好，个别穿斗式民居因外保温石墙倾斜，将房屋压斜（见图 2-4-53、图 2-4-54）。

图 2-4-53　两河乡前锋村外石墙将木构架压斜

图 2-4-54　木构架倾斜致使房门无法正常开启

3. 夯土墙木屋架建筑破坏原因

该种建筑地处多雨地区，雨水对墙体的侵蚀较为严重，致使墙体有效截面减小，抗剪能力差，局部承载能力低。夯土墙墙体整体性差主要表现在墙体之间不连接，尤其是承重墙，不仅如此，而且发现有的墙体是由夯土和土坯两部分组成。

地基失稳破坏，一些房屋因地基不实，受震后造成地基不均匀沉降，窗下墙出现上宽下窄的垂直裂缝，加重了墙体的破坏（见图 2-4-55）。

图 2-4-55　地基失稳导致不均匀沉降

4.5.3　震害分析结论

（1）本次地震，小金县两河乡的生土木屋建筑比石木结构建筑破坏严重；石土结构建筑比穿斗式木结构建筑破坏严重；穿斗式木结构建筑完好或基本完好，整修后可完好如初。结构形式、建筑层数、建筑面积、平面布局基本相同的房屋无抗震措施的比有抗震措施的破坏严重。

（2）通过电话询问小金县地震局得知，本次地震两河乡所处位置的地震加速度为 0.15g，地震周期为 0.4s。根据房屋的震害情况，完全倒塌的房屋一般是年久失修、砌筑质量差、地理位置高、无抗震措施的石木结构，若采取一定的抗震措施（如构造柱、圈梁等），增强墙体整体性，抗震性能会大幅度提高，是完全可以抵御“5·12”强震的。两河乡高春华一家的三层混合结构房屋，在建造过程中，由于采取了抗震构造措施，在本次地震中无大损害，整体房屋基本完好。

（3）生土建筑虽然有一定的整体性和韧性，但由于其耐久性差、强度低，本次地震损害严重。

4.6 两河乡调查问卷分析

2008年6月14日至17日村庄整治关键技术研究课题组一行14人赶赴四川省阿坝藏族羌族自治州小金县两河乡，经过大家的共同努力，完成了两河乡9个村庄的典型调查，走访灾民368户，发放灾民意愿调查问卷246份，其中有效调查问卷217份。

4.6.1 基本情况

两河乡位于高山峡谷地区，境内最低海拔2750m，最高海拔5551m，家庭人口数平均每户4.364人。

4.6.2 村民安置方式与位置

调查分析显示有94.47%的灾民选择灾后原址重建，只有5.53%的灾民选择其他安置方式。

从安置时灾民能够接受与原址的最远距离来看，88.02%的灾民愿意选择在1km内，仅有3.69%的灾民选择在3km以上。详见表2-4-2。

"与原址的最远距离"调查结果 **表2-4-2**

与原址的最远距离	统计数量	比例(%)
1km以内	191	88.02
1～2km	10	4.60
2～3km	8	3.69
3km以上	8	3.69

从表2-4-3可以看出，82.03%的灾民愿意接受其他地区灾民安置在本村组，有9.68%的灾民表示不接受其他地区灾民安置在本村组。

"其他地区受灾群众在本村组安置"调查结果 **表2-4-3**

接受与否	统计数量	比例(%)
接受	178	82.03
不接受	21	9.68
无所谓	18	8.29

从图2-4-56可以看出，80%的灾民对需安置的其他灾民的来源没有要求，18%的灾民对安置的其他灾民要求为本乡内的其他行政村。

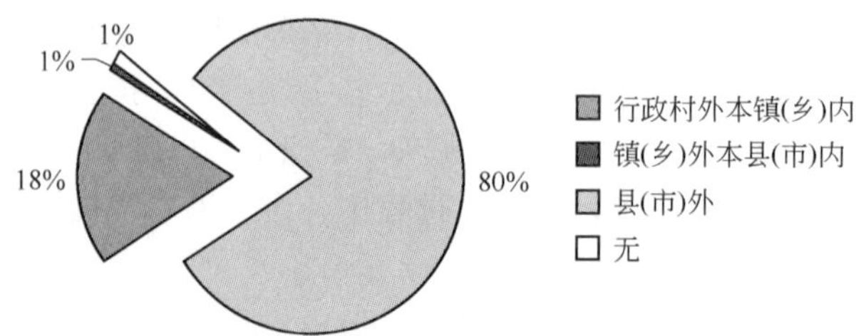

图2-4-56 "对外村灾民来源有无要求"调查结果分布图

从调查来看，木城和前峰两个村为放牧村，没有耕地和林地，本次地震造成每户死亡牦牛在5～10头不等。其他7个村庄靠种植蔬菜和挖中草药为主，本次地震对耕地和林地的毁坏不严重，但与往年同期相比，田间虫量有增加现象。

4.6.3 住房面积、建筑形式与建筑材料

1. 每户所需宅基地面积

从表2-4-4可以看出，重建阶段每户所需的宅基地面积相差较大，主要是由于各家庭的人口差异造成的。

"每户所需宅基地面积"调查结果 表2-4-4

每户所需宅基地面积	统计数量	比例(%)
2分(约135m^2)及以下	45	20.74
2～3分(约200m^2)	76	35.02
3～5分(约330m^2)	55	25.35
5分以上	41	18.89

2. 认为比较合适的建筑面积

从村民希望的建筑面积可以看出，55.76%的村民希望建造140m^{2}以上的房子，详见表2-4-5。

"比较合适的建筑面积"调查结果 表2-4-5

建筑面积	统计数量	比例(%)
120m^2 及以下	36	16.59
120～140m^2	60	27.65
140m^2 以上	121	55.76

3. 建筑形式

75.12%的村民喜欢传统形式，调查中发现藏汉民居和羌汉民居两种传统形式很受村民喜爱，详见表2-4-6。

"建筑形式"调查结果 表2-4-6

建筑形式	统计数量	比例(%)
现代形式	40	18.43
传统形式	163	75.12
其他形式	14	6.45

4. 结构形式

分析可以看出，45.16%的灾民喜欢框架形式，43.32%的灾民喜欢传统形式，仅有11.52%的灾民喜欢砖混形式，详见表2-4-7。

"结构形式"调查结果　　表 2-4-7

结构形式	统计数量	比例(%)
框架形式	98	45.16
砖混形式	25	11.52
传统形式	94	43.32

从抗震、经济、环保等要求考虑，87.10%的灾民选择传统木结构，选择石砌结构的仅有 3.69%。

5. 建筑材料

在选择建筑材料方面，现代材料和传统地方材料均占 48%左右，其他材料（新型、环保材料）选用率仅有 3.22%，详见表 2-4-8。

"建筑材料"调查结果　　表 2-4-8

建筑材料	统计数量	比例(%)
现代材料	106	48.85
传统地方材料	104	47.93
其他材料	7	3.22

从村民选用传统地方材料可以看出，82.95%的村民选择木材，详见表 2-4-9。

"传统地方材料"调查结果　　表 2-4-9

地方材料	统计数量	比例(%)
木材	180	82.95
土	7	3.22
石材	10	4.61
无	20	9.22

4.6.4 政府补助方式与自身能力

1. 希望重建时得到的补助方式

从数据分析可以看出，41.94%的灾民希望现金补助，47.46%的灾民希望统一建房，另外 10.60%的灾民希望提供建筑材料，详见表 2-4-10。

"政府补助方式"调查结果　　表 2-4-10

政府补助方式	统计数量	比例(%)
提取现金	91	41.94
统一建房	103	47.46
提供建筑材料	23	10.60

2. 小额贷款接受程度

从数据分析可以看出，86.18%的灾民愿意接受小额贷款，8.29%的灾民不接受小额贷款，主要是担心到期还不起贷款，详见表 2-4-11。

"是否接受小额贷款"调查结果　　表 2-4-11

是否接受小额贷款	统计数量	比例(%)
接受	187	86.18
不接受	18	8.29
无所谓	12	5.53

3. 建房所花土建费

从数据分析可以看出，88.02%的灾民建房所花土建费在 2 万元以上，详见表 2-4-12。

"建房所花土建费"调查结果　　表 2-4-12

土建费用	统计数量	比例(%)
2 万元以下	26	11.98
2 万～4 万元	92	42.40
4 万元以上	99	45.62

从数据分析可以看出，只有 37.79%的灾民能够提供自筹资金，详见表 2-4-13。

"自筹资金"调查结果　　表 2-4-13

自筹资金	统计数量	比例(%)
5000 元及以下	135	62.21
5000～10000 元	57	26.27
1 万～2 万元	18	8.29
2 万元及以上	7	3.23

4.6.5　重建组织方式

数据分析显示，55.76%的灾民选择政府统一组织建设，44.24%的灾民选择自建方式。

数据分析显示，87.56%的灾民需要政府提供重建的标准规范、示范图集，仅有 3.69%的灾民认为不需要，详见表 2-4-14。

"标准规范、示范图集"调查结果　　表 2-4-14

是否需要标准规范、示范图集	统计数量	比例(%)
需要	190	87.56
不需要	8	3.69
可有可无	19	8.75

数据分析显示，90.78%的灾民希望修缮或重建时得到专业技术人员的现场指导，仅有 2.77%的灾民选择不需要，详见表 2-4-15。

“专业技术人员现场指导”调查结果 **表 2-4-15**

是否需要专业技术人员现场指导	统计数量	比例(%)
需要	197	90.78
不需要	6	2.77
无所谓	14	6.45

数据分析显示，56.68%的灾民希望修缮或重建时由政府指派的施工队施工，详见表2-4-16。

“施工人员的组成方式”调查结果 **表 2-4-16**

施工人员的组成方式	统计数量	数量(%)
技术人员指导自己家人或朋友	41	18.89
本地工匠	53	24.43
政府指派的施工队	123	56.68

4.7 灾后重建中存在的问题

4.7.1 学校的设置问题

两河乡村庄南北分布长40km，彭坝村距两河乡20km，居民居住地比较分散，办学规模均较小，学校的地点设置不便于学生就近入学，教育质量无法保证，当地居民的受教育程度普遍较低。

4.7.2 牧区围栏

由于长期过度放牧，加上牧场管理不善，造成牧区植被破坏，地表沙化严重，水土流失。

4.7.3 安置点安全问题

调研发现，地处深山的彭坝村，有13户人家居住在半山腰的原滑坡体上。经四川省有关专家鉴定，该居住地为危险地段，存在较大隐患，当地政府部门为这13户居民选择了安置点，安置点选在峡谷的河堤上，该河汛期水位较高，安置点均在汛期水位淹没范围内。为了保证安置点的安全，政府部门对河流进行改道，改造的方案不尽合理，水流对坡脚进一步冲刷，造成更大范围和更大面积的滑坡，滑坡极易形成堰塞湖，汛期河水一旦漫过河堤，将对安置点造成更大的威胁（见图2-4-57～图2-4-62）。

4.7.4 机耕道

两河乡是一个以种植为主的乡镇，农业机械化水平很低，田间机耕道仅1m左右，不能满足机械化生产的基本要求。

图 2-4-57　彭坝村新设置的 21 户安置点

图 2-4-58　安置点河道原滑坡体

图 2-4-59　2009 年汛期该处两户被冲毁

图 2-4-60　安置点河流改道

图 2-4-61　形成堰塞湖可能引起彭坝村上游溃坝

图 2-4-62　位于美兴镇营盘村上部的山体滑坡隐患

4.7.5　资金

震后两河乡重建过程中，需要对该地区的道路、桥梁、小型水电站、供水、机耕道、放牧围栏、垃圾处理、排污管道等基础设施进行修复和重建。对村民住宅进行修复改造，对安置点居民房进行重建，需要大量的资金，资金现已成为两河乡震后重建、快速恢复生产的主要问题，需尽快解决。彭坝村安置过程中，政府部门给安置户每户8000元安置费，扣除检修河堤、维修基础设施等费用，每户仅剩5000元左右安置费，这些资金不能满足安置及恢复生产的要求。

4.8 对两河乡灾后重建的建议

4.8.1 灾后重建经济发展是关键

开发旅游业是发展经济的重要快捷途径。小金县两河乡是抚边河的发源地，地处抚边河与虹桥沟两条河流的交汇处。四川省级风景名胜区四姑娘山位于阿坝藏族羌族自治州小金县与汶川县的交界处，是横断山脉东部边缘邛崃山系的最高峰，为登山运动和高山旅游的胜地。随着人们对它了解的深入，尤其是摄影界、登山爱好者对它的日益青睐和关注，它的名气也越来越大，现已成为一处国家级的旅游胜地。

为重新利用好灾区的地理和生态条件，充分利用其独特天然的风景资源作为旅游资源来开发是最好的方式，这样既可以保持灾区的原有特色发挥其生态效益，又可以作为旅游景点招揽游客发挥其经济效益和社会效益。同时，旅游业的发展也可促进其他行业的发展。经调查，两河乡经济基础差，没有工业，无法安置大量劳动力，该地区主要劳动力均外出打工。彭坝村整体外出打工10户，迁到油房6户，迁到大寨2户，到县城打工1户，迁到抚边乡大寨村1户，若不迅速发展本村经济，提高农民就业机会，增加农民收入，在不久的将来有可能形成空心村。因此，应借灾后重建的契机开发旅游业，这是综合考虑到灾区环境承载能力及居民目前经济条件等因素而做出的最佳选择，符合重建要求。

4.8.2 修复或重建水力发电设施

震后两河乡的小型水力发电站的动力渠几乎全部损坏、漏水，动力不足无法发电。根据调查，每年十月份到次年四月份，即使发电站不损坏也因为河水结冰而无法发电。震后江西电力公司正加紧施工，使两河乡各村能接入国家电网，这无疑给当地的经济发展注入了新的能量，但考虑到两河乡村民生产模式的多样性和经济状况，应充分发挥其自然经济优势，有规划地修复或重建规模不等的水力发电站。合理调配电力资源，尤其利用夏季发电稳定的优势，自给自足，避开夏季用电高峰，减小国家电网压力。同时结合旅游项目的开发，将小型水力发电站建设成为具有地方特色的旅游景点。

4.8.3 修复、改造、重建村庄道路

两河乡9个行政村由于所处地理位置不同，村庄道路的建设情况各异。如木城村与前锋村主要以放牧为主，基本上无生产机具。道路是踏出的原始小路，雨季泥泞不堪，出入不便。大板、大寨、油房等村沿210国道分布，村民居住地非常分散，十几户甚至几户一个居住点，居住点间联系的道路及桥梁都比较简陋，个别路段为碎石土路。彭坝村是两河

乡住户分布最长的村庄，该村全长 7km，两侧是山涧，村民住宅大多建在河岸上。有 13 户的居住点建在距村驻地 400m 的山坡上，且位于原滑坡体上。每到雨季，居民房中地面冒水，震后经专家鉴定，该地段为危险地段，必须搬迁到山下安置。该村主导产业为农业，耕地大多在山上，上山的路全是泥路，无机耕路，村民农业生产非常困难，这也是山上居民不愿向山下搬迁的主要原因。村中主要道路为碎石土路，汛期水流太大，路肩经常冲毁，震后经常有飞石和泥石流将道路填塞，致使村民生产极不方便。

结合以上问题，在震后重建过程中，村庄道路建设应充分考虑当地的水文地质条件，确定合理的路面标高，既可防汛又可稳定土坡，防止泥石流，为进一步发展当地经济打下良好基础。另外，应充分考虑村民农业生产上的困难，对高台地进行合理规划，增加机耕路。

4.8.4 村民饮水设施

震前两河乡村民的饮用水大多取自山泉，在山泉出水处建一水池，用塑料管引入住户，饮水管都采用直埋式布置。

购买水管的资金来源一般为政府资助 90%，由村民自筹 10%。震后因地质构造发生改变，山泉出水口改道或堵塞，结合震后重建，政府部门应召开专家论证会，对村民饮水源进行可靠规划。根据调查，部分水源砷含量超标，部分村民因此患有大骨节病，建议有关部门对土壤、山体的砷含量进行检测，对供水设施进行防护。结合今后当地经济的发展和旅游资源的开发，应在居民饮水设施的选址上进行合理规划，防止饮用水二次污染。

4.8.5 增设污水排放及垃圾收集设施

目前两河乡 9 个自然村都没有污水排放及净化处理设施。猪、牛、羊基本散养，环境污染严重，靠近省道的聚落将雨水、污水直接排入路沟，在其他位置的聚落一般靠地势自由排放。以农业生产为主的村庄，每户都在户外建一个蹲坑式厕所，蹲坑下设粪坑，无防渗措施。根据调查，9 个村中仅有木城村设有一处垃圾收集点，以集中销毁为主，塑料垃圾以焚烧为主，主要防止牛羊误食致死，其他生活垃圾以掩埋为主。其余村庄的垃圾其本上是随便丢掉或者倒入河中，在目前情况下环境尚可承受，但随着经济的发展和旅游业的开发，旅游人数将会逐步增加，由此带来的环境问题将成为两河乡进一步发展的障碍，所以结合灾后重建，必须对环境进行整治，合理增设污水排放及垃圾收集设施。

4.8.6 地方经济与旅游业发展

1. 旅游资源与潜力

两河乡具有丰富的旅游资源，包括汉藏风格民居、藏汉羌回等民俗、原始生态、高山草甸、峡谷、雪山以及红色旅游资源。这些资源除了可作为旅游点外，对当地未来经济的发展来说也是一种宝贵财富，将会创造新的就业机会并提高农牧民的生活水平。

2. 旅游业所处地位与开发

由于当地交通不便，宣传力度薄弱，旅游基础设施不全（仅初步开发了玛嘉沟景点），外来旅游者大多为散客或自驾游，住宿设施仅有乡政府招待所与玛嘉沟接待站的 80 张床位（见图 2-4-63），所以当地的旅游业仍处于起步阶段，在 GDP 中所占的比例极少（见图

2-4-64)，5·12 地震后的旅游业更是惨淡。为促进当地灾后重建与经济发展，旅游业的发展迫在眉睫。

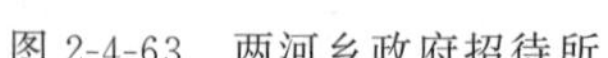

图 2-4-63　两河乡政府招待所

图 2-4-64　玛嘉沟旅游接待站

3. 目标

（1）要充分认识到当地传统聚落、藏汉民居等资源对经济发展的重要性，旅游业会提供就业机会与收入来源。

（2）规划发展“可持续的旅游业”，将其作为经济发展和战略提升的载体。这也与当地传统聚落、藏汉民居作为一种文化遗产的保护、修缮相互关联。

（3）强化现有传统聚落与藏汉民居作为当地文化、社会、经济的载体，不能因发展旅游业而将农牧民外迁。

（4）通过电视、报纸、展会和互联网等媒体，促进当地旅游业的行销。将两河目前的“衰败、破旧、闭塞、贫穷”的形象转变成“独特、藏汉文化历史、生态高原、充满希望”的新形象。

（5）保护当地传统建筑、美术、纺织服装工艺等非物质文化遗产。

（6）促进现有旅馆的提升，谨慎规定接待设施开设量。

4. 资金需求与来源

（1）应由当地省、州、县政府拨款开展详细研究与计划；

（2）当地旅游局可负责在当地及全国进行宣传行销；

（3）当地工会、旅游局对参与旅游业的当地村民进行专业培训；

（4）可以当地政府、外部私人投资、村民自筹等方式进行旅馆设施建设；

（5）景点配套设施还可由门票、导游、餐饮等收入得到补偿。

4.8.7　民居建筑与传统聚落的保护与管理

两河乡及卓克金的传统聚落与藏汉民居具有独特的地方特色，应该避免其遭受外来不良元素的侵蚀，以免丧失个性。

1. 目标

制定明确的关于重建、修缮和修复的保护细则，防止当地民居与内地发达地区同质化。操作时尽量由当地村民与工匠直接操作，尽可能减少外界干预。细则只对型制、材料、高度、形式和细部做出建议性规定，同时允许按现代生活方式和需求进行改造。

建立管理机构实施以上细则，可设立跨机构的专门委员会，以决定所有与保护、发展规划、旅游项目和相关的其他问题。

2. 资金需求与来源

（1）重要建筑应划归各级文物保护部门管理并负责资金；

（2）私有民居重建及保护可由私人自筹、政府贴息贷款、旅游业收入或私人捐赠解决；

（3）宗教建筑的保护可由宗教协会、寺庙或私人捐赠解决；

（4）为发展旅游而进行的重要聚落的整体改造提升可由各级政府、外来投资、旅游业收入解决。

第三篇 专题报告

第1章 不同类型村落灾损的差异性分析报告

“5·12”汶川大地震使四川全省除攀枝花市外的20个市（州）不同程度受灾，50个县（市、区）为严重受灾县，90个县（市、区）为一般受灾县。烈度9度以上涉及67个乡镇、1058个村、856万人，面积约1.5万km^2，其中极重灾区包括38个县（市、区）。

本次地震灾害波及面之广、损失之惨重都是空前的，课题组赴灾区调研共涉及小金、都江堰、什邡、绵竹四市县的玉泉镇、红白镇、泰安古镇（青城山镇）、向峨乡、两河乡5个乡镇30余个行政村、200余个村民小组，共收回有效问卷800余份，对上述灾区人员伤亡、村民的房屋及财产损失情况以及村民对灾后重建的意愿进行了较详细的调查，为该地区地震损失评估和灾后重建提供了第一手资料。

上述四市县五乡镇的地貌类型复杂，差异性较大，而且各乡镇的经济类型、民风民俗也存在较大的差异。按地貌类型可分为高山高原地区、中山峡谷地区和平坝浅丘地区三种地貌类型；按经济形态可分为农业经济区、农牧业经济区、旅游经济区和工矿-旅游-农业混合区；按民风民俗可分为少数民族聚集区、古镇和普通农庄。不同类型村庄损失情况可能会有差异（如不同地貌类型地区），村民对灾后重建的意愿也可能会有一定的差异。本研究专题将依据现场调研数据，对不同类型村庄灾损及灾民安置意愿的差异性进行分析与评价，以期为灾后重建提供参照性建议。

1.1 人员伤亡情况差异性分析

调研地区共涉及四市县五乡镇30余个行政村、200余个村民小组，震前总户数为7502户，人口25834人，户均人口3.44人。地震共死亡527人，死亡率为2.04%，其中有24户在地震中全部丧生。按死亡率计算，处于中山峡谷地区的都江堰市向峨乡海虹、莲月、龙竹、鹿池村，青城山泰安古镇，绵竹市玉泉镇桂花村，什邡市红白镇峡马口、松林、柿子坪、五桂坪等地的死亡率最高，平均为2.32%；其次是处于平坝浅丘地区的都江堰向峨乡茶房村和棋盘村，绵竹市玉泉镇龙兴村等地，死亡率平均值为2.17%；高山高原地区的阿坝州小金县两河乡，都江堰市青城山泰安古镇，什邡市红白镇木瓜坪和红白村的死亡率较低，平均为1.44%，其中阿坝州小金县两河乡在统计中没有死亡人员，这也整体导致该类地貌区死亡率较低（见图3-1-1）。

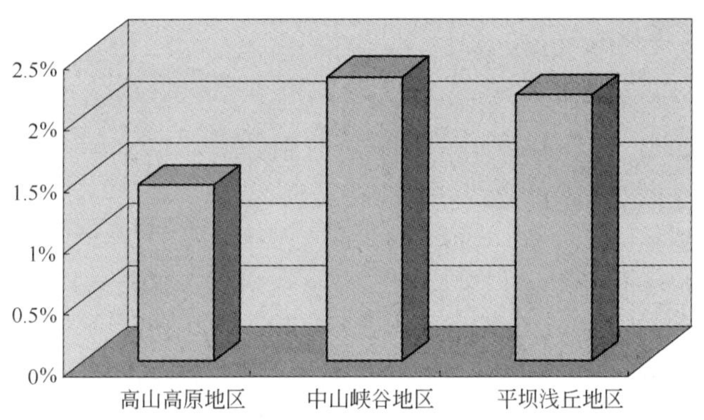

图 3-1-1 不同地貌类型区人口平均死亡率分布图

1.2 房屋毁损情况差异性分析

在统计的7500余户中，在地震中房屋都受到不同程度的毁损，具体情况见图 3-1-2、图 3-1-3。在分类统计中发现，中山峡谷地区房屋毁损最为严重，几乎80%的房屋倒塌，未倒塌的房屋基本上也都受到严重破坏；其次是平坝浅丘地区，一半以上的房屋倒塌，另有35%左右的房屋严重受损；高山高原地区情况稍好，倒塌的房屋不足一半，另有25%左右的房屋严重受损，有30%左右的房屋破坏程度不高。

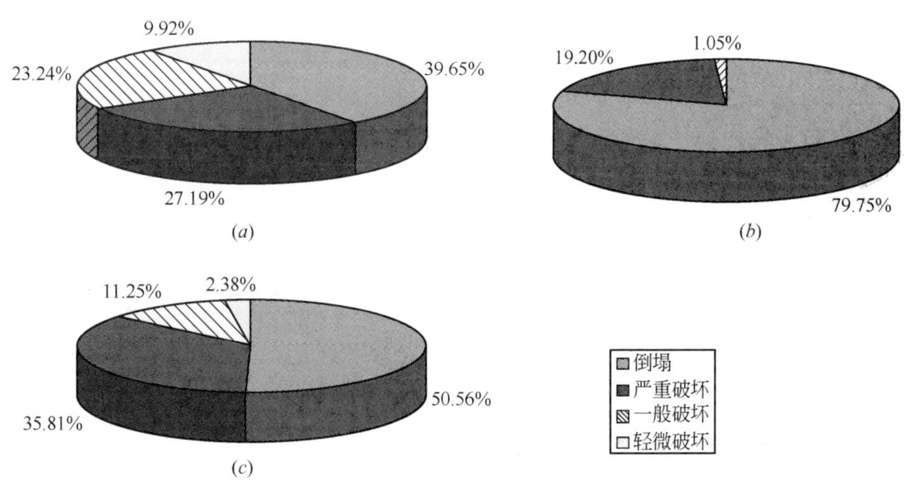

图 3-1-2 不同地貌类型区房屋毁损户数分布图

(a) 高山高原地区；(b) 中山峡谷地区；(c) 平坝浅丘地区

从上述人口伤亡和房屋毁损分析情况来看，不同地貌类型下地震破坏程度是有差异的，破坏最严重的是中山峡谷地区，其次是平坝浅丘地区，高山高原地区情况稍好(见表 3-1-1)。造成上述情况的原因可能是多方面的，如距离地震中心的距离、大地构造、地形因素产生的次生灾害以及房屋的抗震程度、人口密度等，需组织有关专家进行更深入的论证，但上述情况表明，在灾后重建尤其异地重建时，对于地理因素应予以充分考虑。

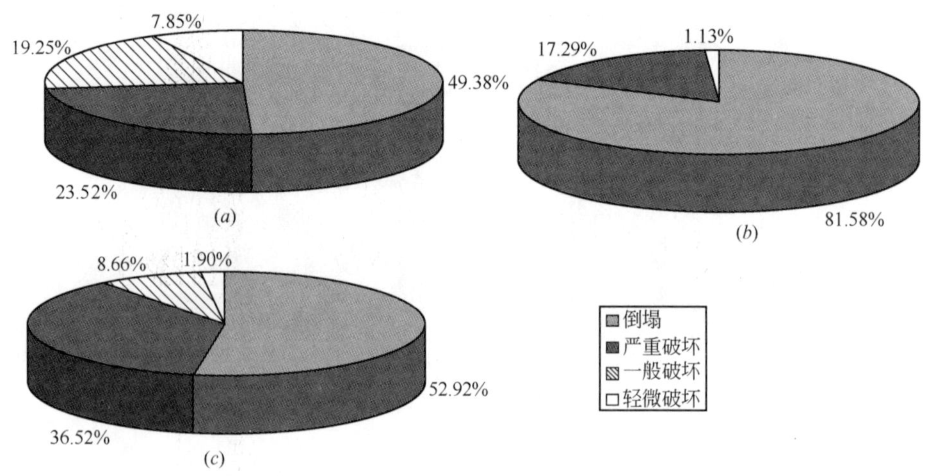

图 3-1-3 不同地貌类型区房屋毁损间数分布图

（a）高山高原地区；（b）中山峡谷地区；（c）平坝浅丘地区

不同地貌类型区人口及房屋毁损情况统计表 **表 3-1-1**

地貌类型	人口			户数			倒塌		严重破坏		一般破坏		轻微破坏	
	震前	震后	死亡人数	震前	震后	消失户数	户数	间数	户数	间数	户数	间数	户数	间数
高山高原地区	7013	6912	101	1987	1982	5	783	9318	537	4436	457	3633	196	1482
中山峡谷地区	11600	11331	269	3330	3311	19	2655	19043	639	3823	35	250	0	0
平坝浅丘地区	7221	7064	157	2185	2185	0	1083	6226	767	4298	241	1019	51	223

值得一提的是，处于高山高原地区的阿坝州小金县两河乡是本次统计当中损失最小的一个地区。两河乡位于四川西部，属于嘉绒藏族分布区，另有汉、羌、回、彝等民族，建筑风格以藏式石构碉楼为主。1989 年 9 月 22 日阿坝发生 6.6 级地震，震中位于两河乡大阪村，两河乡建筑几乎全部垮塌。灾后重建时，在当地政府的引导和当地农牧民的参与下，重建建筑吸收了汉族传统民居穿斗式结构技术，充分利用当地材料，并部分保留了嘉绒藏族民居的特点，经过近 20 年的发展与改进，逐渐形成了一种全新的民居样式。两河乡地区，在经历了“9.22”地震后，当地老百姓对建筑抗震已有一定的常识，积累了不少宝贵经验。新藏汉民居在抗震方面具有巨大的优越性；在材料的利用上则便于就地取材，节省了建筑成本和建造时间，又能很好地与当地环境融为一体。它是嘉绒藏族传统民居在新时期的发展，是劳动人民社会劳动经验的积累，智慧的结晶，是大自然的选择，对“5·12”汶川大地震震后重建具有重要的指导意义与研究价值。

1.3 生命线工程损失情况差异性分析

评估区的生命线工程类型主要有：①交通系统。城乡公路路面不同程度受损，损坏总长 30.73km；桥梁出现裂缝，损坏 339 座。②供电系统。城乡电力设施受损严重，变压器烧毁报废，供电线路受到不同程度的损坏。③给水排水系统。水源污染、破坏 398 处，给水管扭曲、错位、断裂，受损 883 处，总长 46.44km。④水利设施。引水渠工程多处受损，灌溉渠道出现裂缝，排水沟渠错位变形，损坏总长 9.2km。

1. 供水管道的损失与地形地貌关系显著，平坝浅丘地区最轻，高山高原地区最严重

从图 3-1-4 可以看出，各个乡镇的管道受损情况总体来说较为严重，阿坝州的两河乡、成都市的向峨乡和青城山镇、德阳市的红白镇的管道重建比例都达到了 53%以上，其中阿坝州的两河乡管道受损最为严重，重建率为 100%；成都市的向峨乡和青城山镇次之，重建率分别为 88%和 78%，修复率为 12%和 22%；德阳市的红白镇较轻，重建率和修复率分别为 53%和 47%；德阳市的玉泉镇管道没有受损。从统计结果不难看出，位于高山高原地区的阿坝州两河乡（包括成都市向峨乡的一部分）的管道损失最为严重，位于中山峡谷地带的成都市向峨乡、青城山镇和德阳市的红白镇损失次之，而位于平坝浅丘地带的玉泉镇供水管道没有受到损失。

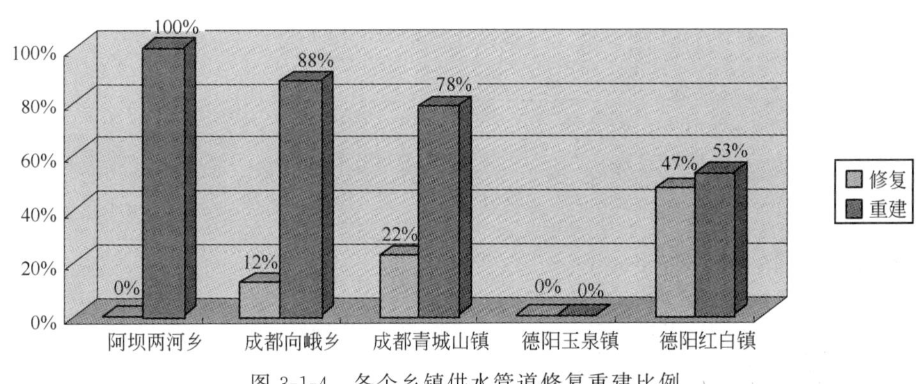

图 3-1-4 各个乡镇供水管道修复重建比例

2. 高山高原地区道路损毁最为严重，中山峡谷地区次之，平坝浅丘地区最轻

从图 3-1-5 可以看出，各个乡镇的道路都受到了不同程度的损失，其中成都市的向峨乡损失最为严重，需重建的道路占到了 75%；阿坝州的两河乡次之，重建与修复的道路分别占到 44%和 56%；德阳市的红白镇需重建的道路占到 20%；而成都市的青城山镇和德阳市的玉泉镇道路损失程度最轻，没有需要重建的道路，修复的比例占到了 100%。通过分析不难看出，位于高山高原地区的两河乡和向峨乡道路损毁最为严重，而位于中山峡谷地区的红白镇和青城山镇次之，位于平坝浅丘地区的德阳市玉泉镇最轻。高山高原地区和中山峡谷地区的道路可能由于施工材料和施工难度的原因，使得道路质量与平坝浅丘地区相比较差，于是在地震中受到了较为严重的破坏。

3. 桥梁损失普遍，平坝浅丘地区的损失最为严重

从图 3-1-6 可以看出，各个乡镇的桥梁都受到了不同程度的损失。玉泉镇和红白镇损失最为严重，需重建的桥梁占到了 100%和 98%；向峨乡和两河乡次之，需重建的桥梁分别占到 42%和 33%；而青城山镇没有桥梁受到损失。通过分析不难看出，位于平坝浅丘地区的玉泉镇桥梁损失最为严重；而同样位于中山峡谷地区的红白镇和青城山镇损失程度却差异明显，红白镇的重建数量达到了 98%，而青城山镇没有桥梁受损，这可能是由于青城山镇的特殊原因（桥梁较少或没有桥梁）使得其没有受损；高山高原地区的两河乡和向峨乡损失较轻，修复的桥梁数量均超过了重建的桥梁数量。

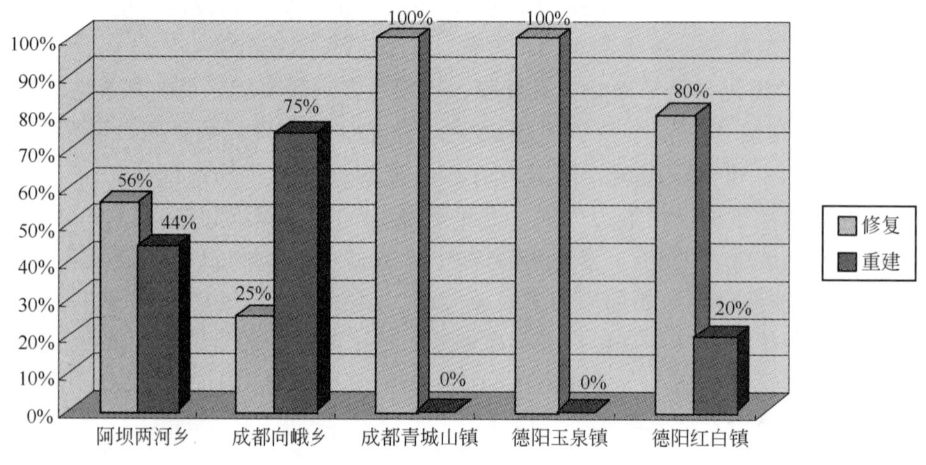

图 3-1-5　各乡镇道路修复重建比例

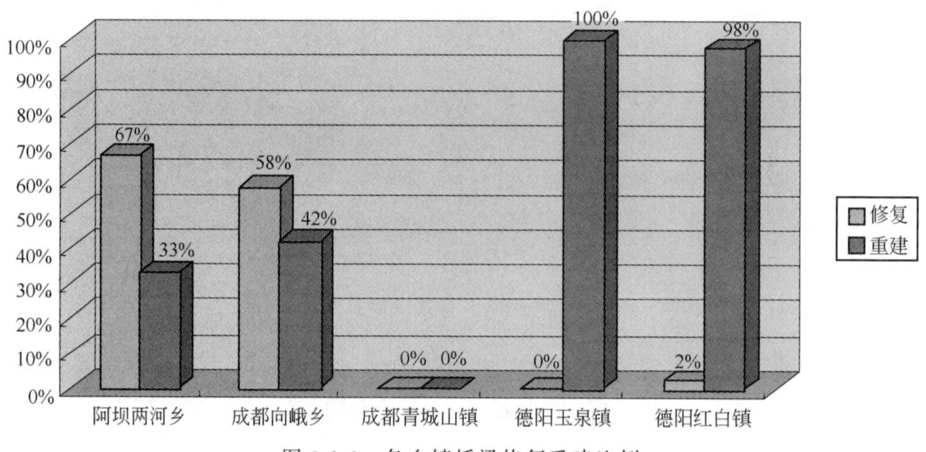

图 3-1-6　各乡镇桥梁修复重建比例

1.4　相关政策建议

(1) 地震灾区不同地貌类型地区灾损程度有一定的差异，破坏最严重的是中山峡谷地区，其次是平坝浅丘地区，高山高原地区情况稍好。对于灾后重建，尤其异地重建时地理因素应予充分考虑。

(2) 坚持原址重建，考虑内部差异，因地制宜，但建设半径（与原址距离）不宜过大。

(3) 统筹考虑，就近安置，以本镇居民为主，要从长远考虑，既要解决外来居民近期生活问题，更要关注其远期生产问题，在安置问题上，要充分研究当地资源的承载力，避免社会矛盾，不给当地生态环境造成过大的压力。

(4) 以节约土地为根本，以满足农民需求为目标，合理安排宅基地面积和建筑面积，对于以房屋为生计的地区，如旅游古镇应适当放宽指标；对于以务工为主的村民，则应限制宅基地面积和建筑面积，以保证其基本住房需求为主；对于广大农村和农牧业地区，在保证人的住房需求的前提下，要适当考虑生产工具的存放、牲畜的圈养场地等。

（5）在灾区重建的建筑形式和建筑材料选择上要充分尊重当地村民意见，做到传统与现代相结合，舒适与经济相结合，抗震防灾与环保适用相结合。在少数民族居住区建设具有民族风貌的传统建筑；对一些古镇和古建筑进行恢复重建时，应本着“修旧如旧，维持原貌”的原则，使其原有的风貌和特色能够得以传续。

（6）地震灾区往常情况下建房花费的土建费用总体上处于较高水平，建房资金一般超过 4 万元，而灾民自救能力较弱，个人能够提供的重建所需资金明显不足，需要政府大力扶植。

（7）在重建方式上，提供建筑材料不是一个很好的办法，只能作为补充措施。在统一建房和现金补贴两种方式上要区别对待，对于像部分古镇村落和少数民族居住区对现金补贴倾向较明显的地区，可采用现金补贴方式。当然也要充分挖掘和促进村民生产自救，如鼓励其多方筹措资金、接受小额贷款等，以缓解政府的救灾压力。

（8）坚持以政府统一建设为主，积极鼓励有条件的地区村民自建，如提供资金、技术人员、培训本地工匠等，以减轻政府统一建房的压力；同时加强建设标准的设计，以使建设质量及其他各项指标有所保证。

第 2 章　农民意愿调查分析报告

2.1　引言

人们对自然灾害的认识有一个逐步深化的过程。一部分灾害研究者比较侧重灾害的自然物理属性，把自然灾害等同于一种“自然的或技术的危险”或“极端环境事件”，在研究中特别关注灾难带来的物质后果和经济损失。但越来越多的政府官员和研究者开始意识到，灾害不仅会给人类的生命财产安全及环境带来物质上的损害，更会造成严重的社会后果，妨碍社会功能的正常运行。他们开始把自然灾害给社会正常实施功能带来的影响列为重要的研究议题，引入各种社会科学视角分析灾害的社会后果。

如何使受灾社区和居民迅速从灾害的打击中恢复过来，重建正常的社会秩序和社会生活，这一直是灾害社会学最为关注的研究主题之一。研究者对灾后恢复问题进行了大量的研究。一部分研究者发现人们灾后接受的援助水平与受灾程度紧密相关，且在接受援助的问题上没有表现出明显的社会群体差异，他们据此认为，灾后的资源分配可能遵循一种比较公正的“相对需求分配法则”（rule of relative need）。但更多的研究者却发现灾后恢复过程中仍存在社会不平等：个人和社区灾后得到的援助多少直接受到其社会背景的影响；少数族群、老年人、社会经济地位较低者等弱势群体受灾害影响更为明显，灾后恢复情况也更差。在受灾较严重的地区，原有的社会不平等可能使部分底层群体面临绝境。在这些研究者看来，灾后的资源分配遵循的并不是“按需分配原则”，而是“相对优势分配法则”（rule of relative advantage），那些在社会中拥有相对优势的群体和个人更可能得到灾后支持，利于恢复正常生活。

以上关于灾后恢复研究共同关注的一个核心问题就是：为什么在同样的外部条件下，有些受灾社区和居民能迅速恢复元气，而有些却一蹶不振，难以自拔？哪些因素影响和决定着社区和居民的灾后恢复？

尽管弗里兹和巴顿等早就提出了“疗愈型社区”的概念来描述那些在灾后出现大量合作行为和利他主义行为并自发组织起来应对灾害的社区，但只是在宏观社会资本的理论框架出现后，人们才开始重点分析受灾社区中的信任、社会规范以及由公民自愿参与形成的社会联合体在灾害中的作用。

学者们还集中分析了灾害中信任、社会规范和社会组织的作用问题，认为更高水平的信任有助于加快灾后恢复的速度、提高灾民的满意度；受灾地区和群体在灾后很可能出现“利他性”社会规范，有助于灾后恢复。

“5・12”汶川 8.0 级特大地震给四川带来了惨重损失，为了协助灾区重建，2008 年 6 月 14 日至 18 日，村庄整治关键技术研究课题组对汶川地震灾后重建中农村建设规划及农民重建意愿进行调查，共获得有效问卷 738 份。

灾后重建是一个系统工程，包括土建、环境、经济、农业、社会、心理等视角和内容，本章主要从与灾后重建相关的社会因素着手，分析受灾农民灾后重建的主动性、信任度，以及农民灾后意愿的差异因素分析。在数据分析的基础上，笔者提出“助人自助”、重塑受灾农民灾后重建的“主体意识”，发挥“信任”的社会资本价值，减少“贫困风险”等建议。

2.2 农民灾后重建的主动性与依赖性

汶川地震发生后，政府和社会各界全力以赴抗震救灾，受灾群众被集体转移、集体安置，食宿都由政府统一组织和安排。强大的政府力量和社会力量在救灾过程中发挥了重要作用。我们通过媒体报道了解到政府如何调配资源救灾，如何为受灾群众提供临时食宿，如何发放救济补助等，报道主要强调的是政府在做的事情，这在灾后一段时间是必要的，也是主要的救灾力量，这是因为大量的受灾群众处于无助弱势的困境中，自身的力量显得相对弱小。但是，政府主导的强势很可能形成一种惯性，受灾群众也可能形成一种依赖思想，等待政府来帮助自己，滋生“等、靠、要”的消极思想。调研过程中也发现，部分受灾农民采取消极观望的态度，一切等着政府和外援，对自己的能力丧失信心，依赖心理较强，不能积极地开展自救。这种思想对灾后重建是很不利的。

2008 年 6 月 4 日国务院第 11 次常务会议通过《汶川地震灾后恢复重建条例》（以下简称《条例》），6 月 8 日正式公布实施。《条例》第二条明确了灾后重建的方针：“地震灾后恢复重建应当坚持以人为本、科学规划、统筹兼顾、分步实施、自力更生、国家支持、社会帮扶的方针。”方针中明确指出了“自力更生、国家支持、社会帮扶”的内容。其中，自力更生是最基本的，国家支持和社会帮扶是辅助性的。第三条在具体重建原则上，首先提到“受灾地区自力更生、生产自救与国家支持、对口支援相结合”。

《条例》中，自力更生是最基本的，国家和社会起支持和帮扶作用，明确强调了农民在灾后重建过程中要发挥主动性。

2.3 灾民重建经费预算和自身筹款能力

调研地区往常情况下建房花费的土建费用总体上处于较高水平，70%以上的受访者建房资金超过 4 万元，低于 2 万元的不足 6%。按类型划分，土建费用最高的是工矿从业人口较多地区，接近 90%的家庭建房费用超过 4 万元，可能这些地区经济较为发达，建房档次较高，其次是旅游古镇，80%的家庭建房费用超过 4 万元，普通农庄平均建房费用超过 4 万元的家庭也达到 70%以上。少数民族居住区建房费用相对较低，2 万～4 万元和 4 万元以上的数量基本相当，各占受访者的 40%左右。

与建房费用高相对应的是家庭能够自筹的修缮或重建住房资金明显不足，平均来看，能够筹得 1 万元以上建房资金的家庭只有 9%左右，70%以上的家庭能筹得的建房资金不足 5000 元。按类型来划分，普通农庄约有 74%的村民筹得的建房资金不足 5000 元，工矿从业人员较多的村庄这个数字高达 83.75%，其他两类村庄情况稍好，但也达到 60%以上。可见，灾民的自救能力明显不足，需依靠政府提供大力援助（见表 3-2-1）。

地震灾区重建政府补助方式与自身能力调查汇总表（%） 表 3-2-1

一类指标	二类指标	以农业为主村庄	以农牧业为主村庄	以旅游业为主村庄	以旅游和工矿业为主村庄
重建时希望得到政府补助方式	损失现金	11.68	43.33	71.43	10.83
	统一建房	86.29	45.71	23.81	87.92
	提供建筑材料	2.30	10.95	4.76	1.25
能否接受小额贷款方式筹措部分建房资金	接受	29.44	88.94	71.42	32.08
	不接受	54.82	8.65	14.29	58.75
	无所谓	15.74	2.40	14.29	9.17
往常情况下建房费的土建费用	2 万元以下	4.06	11.63	14.29	1.25
	2 万～4 万元	25.89	42.33	4.76	10.83
	4 万元以上	71.07	46.05	80.95	87.92
家庭能够自筹的修缮或重建住房资金	5000 元及以下	74.11	62.33	61.90	83.75
	5000～10000 元	16.24	26.51	23.81	7.92
	1 万～2 万元	6.09	8.37	9.52	7.5
	2 万元及以上	3.56	2.79	4.76	0.83

在能否接受小额贷款方式筹措部分建房资金问题上，不同类型村庄的差异是很大的，普通农庄的接受率不足 30%，工矿从业人员较多地区的接受率为 32.08%，这两类村庄明确表示不愿接受贷款的村民的比例高达 50%以上，表明这两类地区村民对未来前途很是担忧，对还款信心不足。而以农牧业为主的少数民族居住区和旅游村落村民对小额贷款方式比较欢迎，前者愿意接受小额贷款的村民高达 88.94%，后者也达到 71.42%，表明这两类地区村民对未来前途充满信心。造成上述差异的原因可能与不同地区的受损程度有关，具体见其他分析报告。

对于重建时希望得到的政府补助方式是提供现金、统一建房还是提供建筑材料，各地的差异也是比较显著的，一个共同之处是都不希望政府提供建筑材料（最高的少数民族农牧区也只有 10%左右），这可能与村民自救能力较弱有关，担心其无法承担建筑材料以外的其他建筑费用。数据分析表明，普通农庄和工矿企业从业人口较多的地区村民多倾向于政府统一建房，这一比例高达 85%以上；少数民族农牧区除有 10%左右的村民愿意接受建筑材料外，其他愿意接受现金补助和统一建房的比例基本相当，为 45%左右；而以旅游业为主的居住村落有 70%以上的村民倾向于政府的现金补贴。

2.4 灾后重建中的社会资本——信任

灾后重建是一个集体行动，也是一个社会性事件，因此这里有必要提到一个社会学和政治学的概念——社会资本。对于资本概念，人们更熟悉的是经济资本和人力资本，这两种资本都可以直接产生经济价值，都与投资和产出有关联。弗兰西斯·福山从经济发展和社会繁荣方面研究社会资本的概念。他认为，经济学家在分析时，除了应该考虑传统的资本和资源外，也需要考虑相对的社会资本，即社会团体中人们之间的彼此信任，这种资本中可能蕴涵着比物质资本和人力资本更大而且更明显的价值。信任是社会资本中一个核心的内容。

结合数据，我们重点分析受灾群众在灾后重建意愿调查中，对政府的信任程度。

同一个问题，可以从不同的角度来看，解读出不同的内容。前面我们讨论的是受灾群体对政府的依赖性，但从另一个方面我们可以看到信任。由于受调查问卷的限制，问卷中没有直接测量信任度的问题，我们只能从相关问题中间接看出农民的信任度。

77.02%的农民希望政府统一组织建设，22.98%的农民希望自己建。希望自己建的农民，并不一定表明不信任政府，可能是自己有能力自建，或者是想发挥自己的主动性，减少对政府的依赖，这是应该鼓励的。同时，大部分农民希望政府统一组织建设，其前提是认为政府能够为他们重建住房，说明他们信任政府。

84.89%的农民需要政府提供农房重建的标准规范和示范图集。这个数据首先说明，绝大部分受灾农民对房屋建设的规范性有了初步认识和需求，希望能够获得规范支持。其次，受灾农民对建筑规范的诉求与政府倡导提高房屋建设质量是吻合的，政府的倡导和受灾农民的诉求一致，有助于灾后重建规划方案的落实。此外，该数据也可以反映受灾农民对规范的信任，对政府的信任。

94.80%的农民在修缮或重建房屋时希望得到专业技术人员的现场指导，这说明农民对专业技术人员的信任。

灾后重建最基本也是最初要进行的是房屋的修缮和重建。这次地震中，由于一些建筑不规范和偷工减料，加重了地震的损失。地震后，大家对房屋的期望不仅仅是能“遮风挡雨”，更需要有一个牢固抗震的房子。对房屋的修缮和重建无疑是与受灾农民紧紧相关的大事，这样的大事希望由谁来负责组织和完成，在一定程度上可以反映受灾农民的信任度。

数据结果表明，绝大部分受灾农民希望政府统一组织修建，政府能够提供农房重建的标准规范，指定合格资质的建筑队进行修建，提供专业技术人员到现场进行指导，使得重建的房屋能够更加坚固。虽然是很朴实的希望，但这包含了对政府沉甸甸的信任。

这种信任延伸开来，就是对政府灾后重建工作的信任。信任意味着责任和义务。受灾农民既然对政府在灾后重建中抱以巨大信任，政府肩负着灾后重建的责任，同时，受灾农民也有配合政府、积极响应政府动员、积极参与社会事务的义务。政府在履行灾后重建的工作责任时，同时被赋予了强大的动员受灾农民参与行动的能力。这就是信任的力量，这就是社会资本的价值，它可以被转化为无形资源，在灾后重建中发挥巨大作用。这种潜在的资源，这种“非物质”的资本已经在日本神户以及印度灾区等其他国家和地区的灾后重建实践中得到证明。

中村等人对日本神户地震灾区和印度灾区的研究表明，灾区内各种公民组织和非政府组织在灾害期间可以有效地弥补政府减灾工作中无力顾及的各种问题，在受灾公众与政府之间起到沟通和桥梁作用。宏观社会资本存量更丰富的社区更可能成为“疗愈型社区”，恢复速度更快。学者们还集中分析了灾害中信任、社会规范和社会组织的作用问题，认为更高水平的信任有助于加快灾后恢复速度、提高灾民的满意度；受灾地区和群体在灾后很可能出现“利他性”的社会规范，有助于灾后恢复。

因此，在灾后重建问题上，信任的主要作用并不在于会给人们带来更多的物质性资源，而在于帮助人们通过更有效的合作充分利用现有资源，更好地应对灾害的打击，更快地恢复正常生活。

2.5 灾后重建农民意愿的差异分析

本次调查选择三个州市，虽然调查对象都是受灾农民，但不同调查点的受灾农民的民族、文化、经济发展模式、地貌特征、受灾程度都有所差别，这些因素是否会影响农民的意愿？换句话说，在灾后重建的内容中，不同民族、不同经济模式的受灾农民是否会有不同的想法？这对我们在灾后重建中“因地制宜”地制定农村规划具有参考意义。

2.5.1 安置意愿上的差异分析

表 3-2-2 数据结果显示，83.3%的受灾农民都希望原址重建。其中阿坝州受灾农民要求原址安置的意愿最为强烈，有 94.3%的受灾农民希望原址重建。通过卡方假设检验，$P<0.05$，通过显著性假设检验，表明几个调查点的安置意愿差异是显著的。

不同调查点受灾农民的安置意愿（%）（$N=712$） **表 3-2-2**

项　目	阿　坝	成　都	德　阳	总　体
原址重建	94.3	78.2	79.1	83.3
村外乡镇内重建	4.7	21.8	8.9	11.4
乡镇外县内重建	0.0	0.0	4.8	2.0
县外省内重建	0.0	0.0	1.4	0.6
省外重建	0.5	0.0	1.0	0.6
省内城镇化安置	0.5	0.0	4.8	2.1
合计	100.0	100.0	100.0	100.0
(n)	(215)	(206)	(291)	(721)
检验值	$X_2=79.953$	$D_f=10$	$P=0.000$	

我们的调查点阿坝州小金县两河乡居住着藏、羌、回、汉等民族，其中藏族人口占74%，主要人口是藏族。而另外两个调查点主要以汉族为主。这提醒我们在进行安置规划时务必考虑民族性。虽然在《条例》中强调原址重建为主，异地安置为辅。当原址不能重建时，意味着必须要异地重建，除了一般移民可能遇到的“故土难离”、“关系网络破坏”等困难外，民族文化差异也是本次灾后重建必须要重视的问题。因为，不少受灾农民属于藏族、羌族、回族或其他少数民族，他们的文化、经济模式与原居住地融为一体，异地安置所遇到的困难会更多，比如民族文化的差异、原民族文化的传承等问题。所以，在进行灾后重建农村规划时，民族因素需要参照考虑。

2.5.2 建筑形式、结构与材料选择上的差异分析

表 3-2-3～表 3-2-5 主要描述了不同调查点受灾农民希望选择重建房屋的建筑形式、结构形式和建筑材料的情况。通过数据结果显示，阿坝州的受灾农民在建筑形式、结构形式和建筑材料上对传统民族形式和传统材料选择的比例都明显多于成都和德阳两市的受灾农民。三个表格的卡方检验值都通过了显著性检验，表明这种差异是显著的。

不同调查点受灾农民的建筑形式选择差异分析（%）（N=683）　　表 3-2-3

项目	阿坝	成都	德阳	总体
现代形式	19.3	88.2	77.8	63.7
传统/民族形式	80.7	11.8	22.2	36.3
合计	100.0	100.0	100.0	100.0
(n)	(202)	(211)	(270)	(683)
检验值	X_2=249.829	D_f=2	P=0.000	

不同调查点受灾农民的建筑结构形式选择差异分析（%）（N=693）　　表 3-2-4

项目	阿坝	成都	德阳	总体
框架结构	45.7	72.8	84.0	68.8
砖混结构	11.8	25.8	8.5	14.9
传统结构	42.5	1.4	7.5	16.3
合计	100.0	100.0	100.0	100.0
(n)	(212)	(213)	(268)	(693)
检验值	X_2=182.186	D_f=4	P=0.000	

不同调查点受灾农民的建筑材料选择差异分析（%）（N=714）　　表 3-2-5

项目	阿坝	成都	德阳	总体
现代材料（钢筋混凝土、砖等）	50.2	94.4	86.5	78.3
传统地方材料	49.8	5.6	13.5	21.7
合计	100.0	100.0	100.0	100.0
(n)	(209)	(216)	(289)	(714)
检验值	X_2=141.400	D_f=2	P=0.000	

这给我们的启示是，在建筑形式和内容规划时，需要考虑不同的民族，要因地制宜，总结出几种模式，相近地区主要参照一种模式。既有总的规划，可以兼顾公平，又照顾地区的差异性。

2.5.3 灾后重建主动性上的差异分析

前面分析了受灾农民在灾后重建上表现出不同的主动性，在接受小额贷款筹措部分建房资金的态度上，有一半人接受，有 38.8%的人不接受，余下的 9.1%持无所谓态度。在

是否接受小额贷款方式筹措部分建房资金这个问题上，可以在一定程度上反映出灾后重建的主动性，因为接受贷款的态度意味着愿意承担经济上的责任。

不同调查点受灾农民对小额贷款的接受态度的分析结果见表 3-2-6。

不同调查点受灾农民对小额贷款筹措部分建房资金态度的差异分析（%）（N=725）　**表 3-2-6**

项　目	阿　坝	成　都	德　阳	总　体
接受	88.9	34.1	39.6	52.1
不接受	8.7	51.9	50.2	38.8
无所谓	2.4	14.0	10.2	9.1
合计	100.0	100.0	100.0	100.0
(n)	(208)	(214)	(303)	(725)
检验值	$X_2=161.162$	$D_f=4$	$P=0.000$	

表 3-2-6 的统计结果表明，虽然总体上来看，一半的受灾农民接受小额贷款。可是，当我们进一步区分不同调查点的统计结果时发现，不同调查点对小额贷款的接受度表现出很大差异。阿坝州的受灾农民中有 88.9%的农民接受小额贷款去筹措建房资金，只有极少的比例不赞成。而成都和德阳两个调查点，一半以上的受灾农民不接受小额贷款。对此我们提出的问题是：为什么大部分阿坝受灾农民可以接受小额贷款，而成都德阳两个调查点一半以上不接受呢？

为了进一步证明这种差异，我们又对另一个与受灾农民主动性相关的问题进行了分析，分析结果见表 3-2-7。

不同调查点受灾农民对住房重建方式的选择差异分析（%）（N=731）　**表 3-2-7**

项　目	阿　坝	成　都	德　阳	总　体
自建	43.4	20.4	10.6	23.0
政府统一组织建设	56.6	79.6	89.4	77.0
合计	100.0	100.0	100.0	100.0
(n)	(212)	(216)	(303)	(731)
检验值	$X_2=77.156$	$D_f=2$	$P=0.000$	

表 3-2-7 的统计结果进一步证实了前面出现的差异。阿坝地区的受灾农民在选择住房重建方式上，选择自建的比例明显大于成都和德阳。阿坝地区受灾农民选择自建方式的比例是成都市的两倍，是德阳市的四倍。卡方假设检验的结果表明，这种差异通过了显著性检验。

2.5.4　重建组织方式

当前灾区安置（过渡时期）所采用的建设组织方式主要是搭建帐篷和建设过渡板房，完全由政府和援建单位组织建设。对于灾区大规模重建时，采取何种方式为好，应做好合理的规划，为此本课题组对这一问题进行了调研，共设计了四项指标，各项指标调查数据汇总情况见表 3-2-8。

地震灾区重建组织方式调查汇总表（%） **表 3-2-8**

一类指标	二类指标	以农业为主村庄	以农牧业为主少数民族	以旅游业为主村庄	以旅游和工矿业为主村庄
希望重建住房的建设方式	自建	14.21	43.40	76.19	7.08
	政府统一组织建设	85.79	56.60	23.81	92.92
重建时是否需要政府提供重建标准	需要	92.89	89.10	100	71.25
	不需要	0.51	3.79	0	11.67
	可有可无	6.60	7.11	0	17.08
修缮或重建房屋时是否希望专业人员的指导	需要	96.45	91.51	100	95.00
	不需要	1.02	2.83	0	2.92
	无所谓	2.53	5.66	0	2.08
修缮或重建房屋时希望的施工人员组成方式	技术人员指导自己家人或朋友	10.66	19.34	4.76	5.42
	本地工匠	9.64	25.00	42.86	7.08
	政府指派的施工队	79.70	55.66	51.72	87.50

从调研的情况看，普通农业区村民和工矿企业从业人口较多的村庄大多倾向于政府统一组织建设，占调查问卷的 90%左右，愿意自建房屋的比例不高，如普通农业区村民的比例只有 14.21%，工矿企业从业人口较多的村庄这一数字只有 7.08%。少数民族农牧区村民和旅游区村民自建房的积极性较高，前者有 43.40%的村民愿意自建房，后者则更高达 76.19%。

对于重建时是否需要政府提供重建标准，绝大多数村民都希望政府能提供这方面的标准，如农牧业区村民 90%左右希望政府提供标准，旅游区则更高达 100%，这一比例较低的是工矿企业从业人口较多的村庄，但也有 70%以上的村民希望政府提供建设标准。

从调查数据来看，无论是自建房积极性较高的地区，还是要求政府统一建设地区，村民都希望修缮或重建房屋时有专业人员的指导，以使住房建设的质量有所保证，所有地区这一比例都超过 90%，最高的旅游区为 100%，最低的少数民族农牧区也有 91.51%。对于施工人员组成，总体上来讲希望政府指派施工队的占多数，平均为 74.52%，但各类地区的差异还是比较大的，如自建房积极性较高的旅游区和少数民族地区有一半左右的村民希望由本地工匠或由技术人员指导自己家人或朋友来建房，而其他两类地区更倾向于由政府指派的施工队统一建设。

2.6 小结与建议

通过前面的数据分析，我们可以从接受调查的农民的反馈信息中看出，他们对政府的信任度较高，同时也表现出不同程度的依赖性。下面结合调研结果，主要从社会学角度提出一些农村地区灾后重建和规划中需要注意的问题。

2.6.1 灾后重建工作是一个“助人自助”的过程

“助人自助”是社会工作的基本理念，这一理念的一个重要方面就是通过提供服务和帮助，促进对方潜能的发挥和能力增长，逐渐达到自己能应对困难、面对生活的状态。简而言之，就是帮助弱势群体，以使他人能够自己克服困难，自己帮助自己。

我们可以根据重建目标尝试把灾后重建工作分为三个阶段：解救危难，缓解困难，促进发展。这三个阶段目标是递进关系。灾后重建是一个多阶段的过程。在地震发生后的一段时间内，灾民处于危难的时候，“生命原则”是首要原则。在这次抗震救灾的救援过程中，国家领导人多次强调，只要有一个生命，我们都要不惜任何代价去抢救，将受灾群众从危难中解救出来。

接下来，获救的灾民被临时安置在活动板房、帐篷等地方，这个时候他们面临的是物质、精神和心理的困难。除了一部分在医院接受治疗的受灾群众外，更多的群众虽然脱离生命危险，可是同样面临物质匮乏、精神方面的严重困难，这个时候主要是缓解困难。

第三阶段，就是促进发展。我们这里讲的灾后重建规划，主要就是处于第三阶段。我们相信每个人都是有潜能的，促进发展就是鼓励他们恢复自信，寻找途径，主要通过自己恢复生活，重建家园。

2.6.2 明确灾后重建的“主体”，再塑灾民的“主体”意识

地震是不可抗自然因素带来的天灾，“一方有难，八方支援”，政府也出台了政策，调集资源，进行灾后重建规划和建设工作。对于一场大灾，涉及百万人口受灾，政府力量的介入对生命的抢救，对疾病的预防等都是最重要的，也是不可替代的。在这个过程中，政府社会动员的能力得到很好的体现。

虽然国家各个部委和地方各级政府目前都在对灾后重建进行规划，在今后很长一段时间，灾后重建是政府工作的一项重要内容，但这绝不意味着灾后重建的主体就是“政府”。

如果我们把灾后重建从宏观和微观两个层面来分析，主体就更加明确了。从宏观层面看，灾后重建涉及城市、乡镇、学校、道路、医院等基础设施的建设，还有对灾民重建家园和恢复生产的指导。这里，灾后重建的主体是“政府”，主要通过行政力量的推动来进行灾后重建。

从微观层面上讲，灾后重建涉及每个家庭的生产生活恢复。家庭是最基本的社会单位，在中国，家庭也是个体生活最基本的场所。家庭的灾后重建包括房屋的修缮或修复、经济生产的恢复、心理家园的恢复等，一句话，恢复正常的生活。这个层面上的灾后重建的主体是受灾的个体，在我们的这个规划中是受灾的农民。他们是自己家园重建、生活重建的主体，政府是宏观层面重建的主体，对个体的重建主要起到指导性、支持性、辅助性的作用。

只有区分了灾后重建的宏观层面和微观层面的主体，才能再塑灾民的“主体”意识。这里为什么说“再塑”呢。研究者出于这样的考虑：日常生活的主体是每一个个体，这是不用强调的，生活中理所当然的，可是，一场颠覆性的地震灾害，改变了正常的生活秩序和场所，将个体置于一个“非常态”的状况，在自然灾难面前个体力量是渺小的，个体自然会怀疑自身的能力，变得不再自信。同时，来自政府、社会各个方面的援助和救援，帮助受灾群众缓解困难，但也容易形成一种依赖思想，把自己看作是一个受灾的对象，接受帮助的对象，也会很自然地认为自己是灾后重建的对象，把自己“客体化”，主体意识在灾难面前淡化。所以，非常有必要强化这种意识，重新塑造这种意识，这种主体意识和地震前的主体意识有一些差别，之前的主体意识是长期生活中自然形成的，而灾后重建中的“主体意识”需要重新唤醒，需要有足够的勇气，因此要“再塑”受灾群众的主体意识。

2.6.3 “非物质”资源的发掘和运用

这里所谓的“非物质”资源主要指的是信任。从前面的分析可以看出，地震发生后，由于政府和社会力量的及时介入，尤其是解放军不顾自身安危抢救受灾群众，在受灾群众心中产生了很好的印象。不少受灾群众直接就说“解放军来了，我们有希望了”，这说明受灾群众对解放军、对政府的信任。

值得强调的是，这种信任不是轻易就获得的。纵观我国当前的社会现状，由于经济利益至上原则、腐败现象的滋生，一度导致干群关系紧张，失信所带来的负面影响也是客观存在的。这次在抗震救灾中，我国政府和人民万众一心，抢救受灾群众的形象深入人心，这些使得受灾群众对政府产生了很大的信任。

这种信任是一种社会资本，或者说是一种“非物质”的资源，合理运用可以产生与经济资源相媲美或者更好的效应。中村等人对日本神户地震灾区和印度灾区的研究表明，更高水平的信任有助于加快灾后恢复速度、提高灾民的满意度；受灾地区和群体在灾后很可能出现“利他性”社会规范，有助于灾后恢复。

因此，我们有必要在灾后重建规划中，依托受灾群众对政府的信任，一方面不辜负人民的信任，另一方面利用信任的力量，积极动员广大的受灾群众，发挥他们的主观能动性，一起参与到灾后重建的过程中来。

2.6.4 在灾后重建规划中，有必要考虑民族文化差异视角

前面的数据分析表明，不同民族的受灾群众对灾后重建的意愿有很大差异。他们之所以会形成不同的意愿，主要是由于他们的文化传统、生活方式、语言、经济方式等不同。对于少数民族的受灾群众，异地安置需要慎重考虑，如果是原居住地由于地质自然条件等因素的限制，不能原址重建，那异地安置最好能够尽可能近，而且最好集中安置，保留原来的文化、关系网络和交往习惯。这里涉及的是文化等的差异与融合问题。虽然我们倡导不同民族之间的交流与互动，但是，在他们处于脆弱阶段，最好不要轻易摧毁他们的社会支持网络和文化认同，这些都是重建过程中不可缺少的信心和资源。

2.6.5 防止灾后“贫困风险”

灾后重建过程中，伴随着受灾群众的“贫困风险”。风险是指某种行动引起危害性后果——损失或破坏的可能性。众所周知，风险的相对概念是安全，任何一个决策或者行动都存在一定的风险性，灾后重建更是一个风险伴随的过程。在这个过程中，不同的社会角色承担的风险是不同的，政策制定者承担的风险较少，更多的则是由受灾群众所承担。世界银行社会学和社会政策顾问迈克尔·M·塞尼教授提出迁移导致的贫困风险模型认为：贫困风险包括失去土地、失业、失去住房、边缘化、疾病、营养不良、失去享用公共财产的机会、割断社会联系八个方面，这些贫困化风险特征是许多迁移安置工作中的教训，提供了警示模式，可以借鉴参考。因为灾后重建包括原址重建和异地重建，不管哪种类型的重建，都不可能恢复原样，很多基本的生产、生活资料被破坏，重建过程中失去土地、边缘化、割断社会联系等贫困风险可能存在，这些消极过程或后果必须置于一个整体战略性控制之中，而不是逐个单独应付。事实上，在灾后重建规划和建设中，建立类似的贫困风险模型预警和评估机制，提前采取措施，就可以在一定程度上降低风险。

第 3 章　安置方式分析报告

2008 年 5 月 12 日，四川省汶川地区发生了 8 级地震，造成了巨大的破坏与损失。灾区的重建目前已成为各级政府与灾民最为紧迫的任务。为了保证灾区重建的科学性、合理性以及长久性，了解灾区居民的重建意愿，是重建工作的基础。

对灾区农民重建意愿作了 738 份随机问卷调查。其中，什邡市红白镇 6 个自然村 34 个村小组和绵阳市玉泉镇问卷 303 份；都江堰市向峨乡的鹿池村、石碑村、石翁村、龙竹村、海虹村、茶房村、棋盘村、莲月村问卷 197 份；都江堰市青城山泰安古镇问卷 21 份；阿坝藏族羌族自治州小金县两河乡两河村、虹光村、大寨村、油房村、彭坝村、科牛村、大坂村、前锋村、木城村问卷 217 份。这些问卷覆盖了不同的地形区，涉及不同的损失程度及不同的民族分布区。因而，问卷结果具有很好的代表性与合理性，是灾区重建的重要参考与依据。

3.1　灾民安置方式与位置

表 3-3-1 汇总了村民对安置方式和位置的意愿，总体上来看，坚持原址重建的村民所占的比例占绝对优势，平均值为 83.43%，有 70.20%的村民对本村安置时能接受与原址的最远距离在 1km 以内，但内部的差异仍然存在，主要表现在以下几点：

地震灾区村民安置方式与位置意愿调查汇总表（%）　　表 3-3-1

一类指标	二类指标	以农业为主村庄	以农牧业为主村庄	以旅游业为主村庄	以旅游和工矿业为主村庄
安置位置意愿	原址重建	77.16	94.42	95.24	79.13
	村外乡镇内重建	22.84	4.64	4.76	7.39
	乡镇外县内重建				5.22
	县外省内重建				1.74
	省外重建		0.47		1.30
	省内城镇化安置		0.47		5.22
本村安置时能接受与原址的最远距离	1km 以内	53.30	86.47	57.14	67.70
	1～2km	28.43	4.83	4.76	7.52
	2～3km	10.66	3.86	9.52	5.75
	3km 以上	7.61	3.86	28.58	19.03
是否接受其他受灾地区群众	接受	68.53	81.86	42.86	67.70
	不接受	17.26	9.77	38.10	14.04
	无所谓	14.21	8.37	19.04	18.30

续表

一类指标	二类指标	以农业为主村庄	以农牧业为主村庄	以旅游业为主村庄	以旅游和工矿业为主村庄
如果不反对外村灾民安置到本村组，对来源有无要求	行政村外本镇(乡)内	29.44	18.84	33.33	9.13
	镇(乡)外本县(市)内	4.06	0.97	4.76	1.92
	县(市)外	0.51	1.45		0.48
	无	65.99	78.70	61.90	88.46

(1) 以农牧业为主的村庄和以旅游业为主的村庄坚持原址重建的村民比例高达94%～95%，比其他两类村庄高出16～17个百分点，这可能与这两类村庄对生产资料的依赖程度较高有关。牧民大多以养放牧为生，牛羊的迁徙远不如农具搬迁便利，而且牛羊的养放具有常年的连续性，不像农具有较强的季节性和阶段性，因此牧民大多要求原址和就近安置；旅游业具有较高的资源依赖性和地域性，无旅游资源很难发展旅游业，如古镇村落依靠的就是本地特色的建筑、民俗和地域文化，因此对于这样的村落，当地村民对恢复与复原古镇原貌的愿望也较为强烈。

(2) 从事工矿业的村民对乡镇外安置的接受率较高，占调查问卷的13.5%，而且有5%左右的村民可以接受城镇化安置，其他三类村庄对乡镇外安置及城镇化安置基本持否定态度。这可能与工矿业社会化程度较高有关，从事工矿业的村民已经摆脱了土地的限制，择业与就业有一定的灵活性，居住的位置和方式也有较大的适应性。

(3) 以农牧业为主的少数民族村民对原址重建的愿望最为强烈，有86%以上的受访者重建时所能承受的与原址的距离在1km以内。而从事第二、第三产业人口较多的村庄对于安置距离大于3km的接受度较高，以旅游业为主村庄的接受度为28.58%，以旅游和工矿业为主村庄的接受度为19.03%。

(4) 平均有71.12%的受访者愿意接受其他受灾地区群众安置在本村，其中接受程度最高的是以农牧业为主的少数民族地区，高达81.86%，反对程度最高的是以旅游业为主的古镇村落，达到38.10%。接受外地灾民的安置不仅仅只是居住问题，同时还意味着与本地村民的利益再分配，从有71.12%的受访者愿意接受其他受灾地区群众安置这一数字来看，真实地体现了中华民族的伟大包容性和同舟共济、患难与共的兄弟情谊。但各地的情况不同，对外地灾民的接受程度也有差异，以农牧业为主的少数民族地区（如两河镇）地广人稀，土地资源较为丰富，对外来灾民的安置潜力较大，本地村民的接受程度也较高；而以旅游业为主的古镇村落，资源有限，内部本身就存在很大的竞争，而且重建后旅游业的恢复情况尚令人担忧，对外来灾民的安置很难有积极的响应。

(5) 对外地灾民来源问题，平均78.90%的受访者对外地灾民的来源没有要求，反映了众志成城的抗震救灾精神，但本镇村民更受欢迎，如古镇村落有三分之一的受访者明确要求外地灾民最好是本镇的，普通农庄也有29.44%的受访者有着同样的要求。

3.2 灾民对重建区位的选择

3.2.1 绝大部分灾民希望在原址重建

分析显示，原址重建是灾民选择的最主要的重建方式，占受访灾民总数的 83.43%；其次是村外乡镇内重建，占受访灾民总数的 11.38%；选择乡镇外县内重建、县外省内重建与省内城镇化安置的比例很小。四川省汶川地震灾区灾民重建意愿统计表，见表 3-3-2。

四川省汶川地震灾区灾民重建意愿统计表　　表 3-3-2

您的安置意愿	统计数量	比例(%)
原址重建	594	83.43
村外乡镇内重建	81	11.38
乡镇外县内重建	14	1.96
县外省内重建	4	0.56
省外重建	4	0.56
省内城镇化安置	15	2.11

3.2.2 不同地形区重建方式选择差别较大

对不同地形区，统计结果不同。有意思的是，希望原址重建的比例最高的地区是在高山高原地区，而平坝地区次之，中山峡谷地区比例最低；而选择村外乡内重建方式的，中山峡谷地区与平坝浅丘地区相当，均有约 15%的村民选择，高山高原地区选择的比例最低；选择省内城镇化安置的比例均较低，但平坝浅丘地区相对较高，中山峡谷地区次之，高山高原地区相对最低。这一结果可能反映了越是自然条件较差地区，其对故土的眷恋程度越高，对离开故土的信心不足。

一般来说，高山高原地区与中山峡谷地区，自然条件较差，地质结构不稳定，破坏性也较大，自然环境的承载能力较低，大部分地区均不适宜人类的生存与发展。因此，这一结果，可能会加大灾区重建的阻力。

3.3 灾民对重建距离的偏好

3.3.1 绝大部分灾民选择以就近重建安置为主

与前一个选项类似，绝大部分灾民均选择就近重建安置。统计显示，70.20%的灾民选择 1km 范围内安置，12.57%的灾民选择 1～2km 范围内安置，6.50%的灾民选择 2～3km 范围内安置，10.73%的灾民选择 3km 以上范围内安置。实际上，这一结论与原址重建的比例高是相互关联的。

安置距离的选择，主要受到三方面因素的影响：一是故土之情，二是耕作半径，三是自然条件与灾害损失程度。上述选择实际上反映了前两种因素的影响。在农村地区，绝大部分农户仍然是以农业尤其是耕作业为主，受耕作半径的影响，人们往往不愿意离开原居住地太远。

3.3.2 不同地形区的差别不大，但耕作要求影响明显

在不同的地形区，人们的选择是有差别的。其中，高山高原地区与平坝浅丘地区选择1km以内的比例最高，而中山峡谷地区比例较低；考虑到绝大部分地区的耕作半径一般在2km以内，则三个地形区的选择比例差别不大，介于78%（高山高原）～86%（平坝浅丘）。但超过3km的比例，高山高原地区最高，超过1/10的比例，而平坝浅丘地区则较低，不足1/20。

3.4 灾民接纳其他灾民的态度

3.4.1 绝大部分灾民能够接受其他受灾地区群众在本村组安置

统计显示，72.12%的村民接受其他受灾地区群众在本村组内安置，但也有13.74%的受访者不接受其他受灾地区群众在本村组内安置。这反映了大部分居民传统的乐善好施，助人为乐的良好品德；但部分人也存在着对传统村落生活方式的好感，对外来陌生群体的戒备心理。四川省汶川地震灾区对接受外地灾民意愿的统计，见表3-4-3。

四川省汶川地震灾区对接受外地灾民意愿统计　　表3-3-3

是否接受其他受灾地区群众在本村组安置	接受	不接受	无所谓
统计数量	525	100	103
比例(%)	72.12	13.74	12.14

3.4.2 接受程度与地形关联显著

不同地形区，对外来灾民的接受程度不同。其中，高山高原地区与平坝浅丘地区的接受程度最高，而中山峡谷地区的接受程度最低；而反对的比例中，中山峡谷地区最高，其次是高山高原地区，平坝浅丘地区最低。这可能反映了相对平坦的地形区，人们的视野开阔，对外来事物的接受程度或容忍程度较高；相反地，在中山峡谷地区，交通不便，生活范围相对闭塞，造成了人们对外来人群的排斥；反映了自然环境对人们的心理与行为的影响。不同地形区对外来灾民的接受程度统计见表3-3-4。

不同地形区对外来灾民的接受程度（%）　　表3-3-4

接受程度	高山高原区	中山峡谷区	平坝浅丘区
接受	73.50	67.92	75.38
不接受	13.68	15.09	6.15
无所谓	12.25	15.41	15.38

3.5 接纳灾民来源要求

3.5.1 对灾民来源地的要求总体上不高

在不反对外村灾民安置到本村组的情况下，78.90%的村民对灾民来源没有要求。有要求的村民中，约18%的村民要求外来灾民来自镇（乡）内而村外，2.02%的受访者要求外来灾民来自县（市）内而镇（乡）外，只有1.01%的受访者要求外来灾民来自县（市）外。这反映出自然灾难淡化了地域观念，大部分村民不排斥外来人口，从而有助于灾区的乡村居民点的重建与归并。

3.5.2 不同地形区，对灾民来源地的要求不同

对不同的地形区而言，平坝浅丘地区对外来灾民的接受程度最高，而且对灾民来源地的要求最低；高山高原地区与中山峡谷地区对外来灾民来源地的要求较高，各有近1/5的人希望外来灾民是本乡本镇的居民。这可能主要是受地方传统文化与地域观念的影响。

3.6 受灾程度不同，安置意愿差别较大

3.6.1 受灾程度与地形条件的关系密切

问卷调查涉及的范围，基本上覆盖高山高原（小金县）、中山峡谷（什邡市、绵竹市）及平坝浅丘（都江堰市）。在地震过程中遭受了不同程度的损失，灾民们对安置意愿也表现出不同的选择。

由于地质地貌条件的差异，在"5·12"汶川大地震中，都江堰市向峨乡、都江堰市青城山泰安古镇和德阳市绵竹县玉泉镇等地损失严重，倒塌和受到严重破坏的房屋占所有受损房屋的比例分别为98.49%、88.86%和88.54%；德阳市部分乡镇耕地与林地数量分别减少了67.93%与59.17%；而阿坝州小金县两河乡倒塌和受到严重破坏的房屋占所有受损房屋的比例为55.12%，耕地与林地分别减少了14.42%和20.73%，损失相对较小。

3.6.2 生产资料的损失程度直接影响人们的重建方式选择

耕地与林地是农民最根本的农业生产资料，它们的数量直接决定了当地居民安置方式的选择。两河乡的耕地与林地损失相对较小，居民对重建选址的选择以原址重建为主；而德阳市部分统计乡镇的耕地与林地有了很大的损失，这也决定了当地居民在灾后选址时放弃了曾经肥沃的土地，转而到其他地方重建家园。

两河乡和泰安古镇居民在选择房屋重建的位置时，选择原址重建的比例分别为94.42%和93.75%，红白镇和玉泉镇选择原址重建的比例也达到了79.04%；而向峨乡的居民只有74.14%选择在原址重建。表现出明显的灾害损失越大，越希望异地重建；损失越小，原址重建的意愿越高等规律。

3.6.3 损失越大，远迁意愿越高

与重建选址相对应，两河乡灾民选择安置在距原址 1km 以内的比例最高，而损失最严重的向峨乡的比例最低，泰安古镇也较低，红白镇与玉泉镇介于二者之间。表现出损失越大，远迁的意愿越高，反之亦然。

3.6.4 损失大小，影响人们接纳其他灾民的态度

对待外来灾民的态度也受到损失程度的影响。从总体上看，大部分的村民不反对外村灾民安置到本村组，而且对外村灾民的来源大多数没有要求，但也存在区域差别。损失相对较轻的两河乡对外来灾民的接受程度最高，对外来灾民的来源地的要求也相对较低；相反，损失较重的红白镇、向峨乡与泰安古镇对外来灾民的接受程度相对较低，而且要求外来灾民是本村、本镇的比例也明显高于两河乡。呈现出明显的损失越大，对外来灾民的接受程度越低，损失越小对外来灾民的接受程度越高的规律性。

3.7 建议

根据上述分析，绝大部分灾民希望能够原址重建、就近重建；对外来灾民的接受程度也较高，而对外来灾民的来源地要求相对较低；灾民的重建态度会受到受灾程度的影响，灾害损失越大，更愿意异地选址重建，可接受的距离也相对较远，对外来灾民的接受程度低，但对外来灾民的来源地的要求较高；反之亦然。因此，在震区重建与灾民安置过程中应注意以下方面：

（1）要充分尊重居民的意愿，在地质等条件允许的情况下，尽可能在原址重建。

（2）当居民不得不外迁时，尽可能让他们接近原有的居住地，科学地协调居住与生产、生活之间的关系，既要保障居住的安全，又要方便生产。

（3）加强宣传教育，增强灾民对安置重建与接受外来灾民工作的理解，保证灾区重建工作的顺利进行。

（4）充分利用灾区重建的机会，科学论证各地区的生态环境承载能力与敏感程度，将重建与保护生态环境有机地结合起来。

第 4 章　住房面积与建筑形式及建筑材料分析报告

4.1　灾后重建农村建设规划农民意愿调查结果

2008 年 6 月 14 日至 6 月 18 日在住房和城乡建设部村镇司的组织安排下，调查组深入灾区实地察看了德阳、都江堰、阿坝藏族羌族自治州等地区的部分村镇，进行地震灾后重建农村建设规划农民意愿调研，获得 738 份有效调查问卷，其中对灾后重建农村建设规划中住房面积、建筑形式与建筑材料等问题的调查结果如表 3-4-1～表 3-4-7、图 3-4-1～图 3-4-7 所示。

“宅基地面积”调查结果　　**表 3-4-1**

每户所需宅基地面积	统计数量	比例(%)
2 分(约 135m²)及以下	176	24.34
2～3 分(约 200m²)	238	32.92
3～4 分(约 265m²)	122	16.87
4 分以上	187	25.87

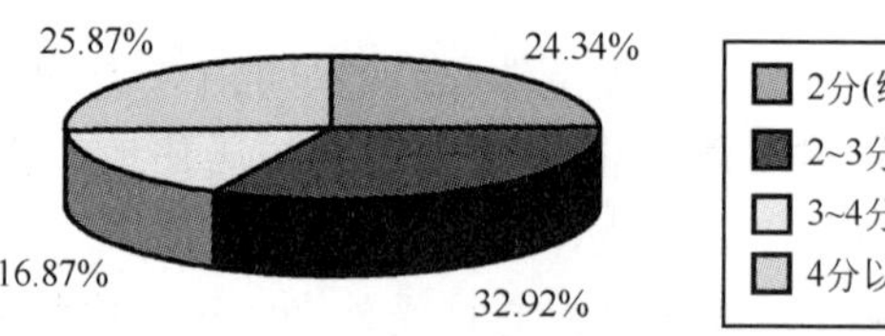

图 3-4-1　宅基地面积统计

“建房面积”调查结果　　**表 3-4-2**

建房面积	统计数量	比例(%)
120m² 及以下	185	25.55
120～140m²	211	29.14
140m² 以上	328	45.31

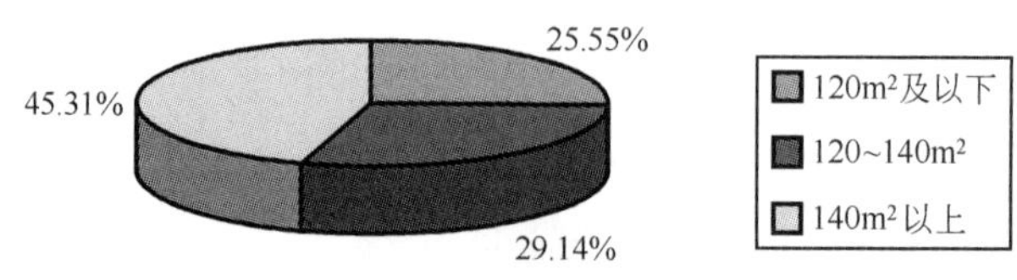

图 3-4-2　建房面积统计

"建筑形式"调查结果 **表 3-4-3**

建筑形式	统计数量	比例(%)
现代形式	435	63.50
传统/民族形式	248	36.20
其他形式	2	0.30

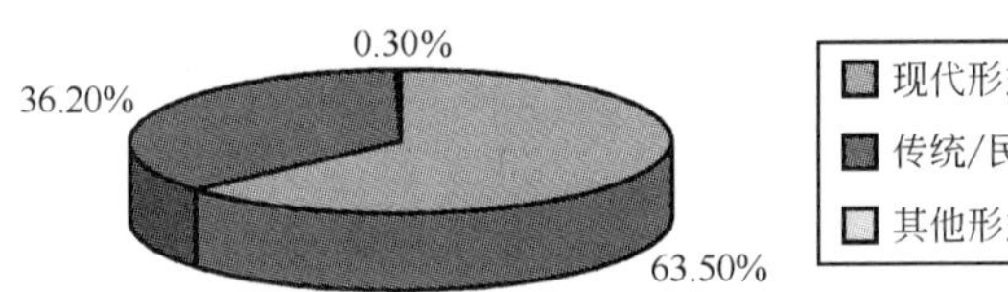

图 3-4-3 建筑形式比例分配

"结构形式"调查结果 **表 3-4-4**

结构形式	统计数量	比例(%)
框架结构	477	68.83
砖混结构	103	14.86
传统形式	113	16.31

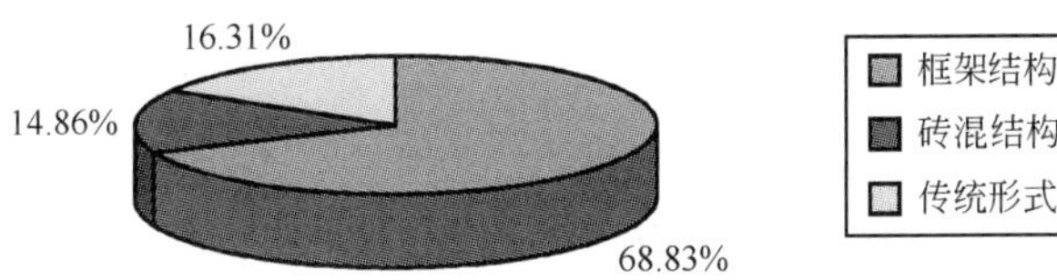

图 3-4-4 结构形式比例分配

"传统结构选择"调查结果 **表 3-4-5**

优先采取传统结构形式	统计数量	比例(%)
传统木结构	511	75.37
黏泥夯筑	66	9.73
石砌	17	2.51
无	84	12.39

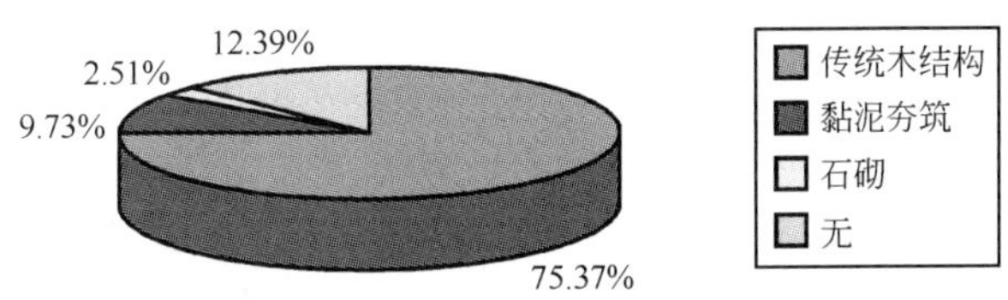

图 3-4-5 传统结构形式比例分配

"建筑材料"调查结果 **表 3-4-6**

建筑材料	统计数量	比例(%)
现代材料(钢筋混凝土、砖等)	559	78.29
传统地方材料	155	21.71

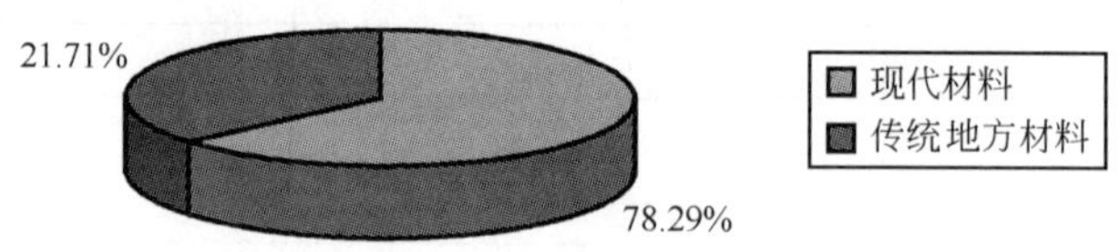

图 3-4-6 建筑材料比例分配

"传统地方材料选择"调查结果 **表 3-4-7**

传统地方材料	统计数量	比例(%)
木材	580	82.98
土	19	2.72
石材	46	6.58
无	54	7.72

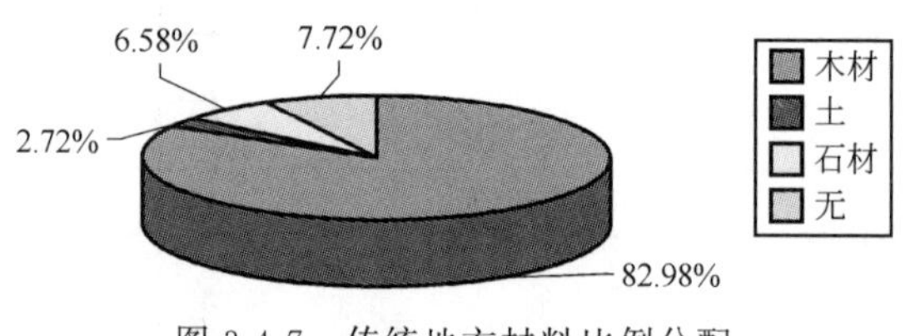

图 3-4-7 传统地方材料比例分配

4.2 住房面积农民意愿调研

4.2.1 每户所需宅基地面积

1. 宅基地面积农民意愿调查

在对灾区农民意愿调查中，有 24.34%的受访者认为每户所需宅基地面积是 2 分及以下，32.92%的受访者选择 2～3 分，16.87%的受访者选择 3～4 分，25.87%的受访者选择 4 分以上。

2. 调查分析

从统计的情况看，宅基地面积需求 2～3 分最多，占调查问卷的 32.92%，其次是 4 分以上，占 25.87%，2 分以内的占 24.34%，3～4 分最少，占 16.87%。从村庄分类情况看，以农业为主的村庄有 50.26%的村民要求宅基地面积在 4 分以上，2 分以下的占 10.66%，2～3 分和 3～4 分的各占 20%左右；以农牧业为主的村庄要求宅基地面积在2～3 分的最多，占 34.42%，3～4 分的占 25.58%，2 分及以下和 4 分以上的各占 20%左右；以旅游业为主的村庄要求 4 分以上宅基地的占绝对优势，达 80.95%，2 分及以下的为零，2～3 分和 3～4 分的各占 10%左右；以旅游和工矿业为主的村庄，2 分及以下和 2～3 分的各占 40%，3～4 分和 4 分以上的各占 10%左右（见图 3-4-8）。

由此可见，不同类型的村庄对宅基地面积的需求差异是很大的，旅游业村庄对宅基地需求面积最大，4 分以上用地达到 80%以上，而工矿业从业人口较多的村庄对宅基地需求

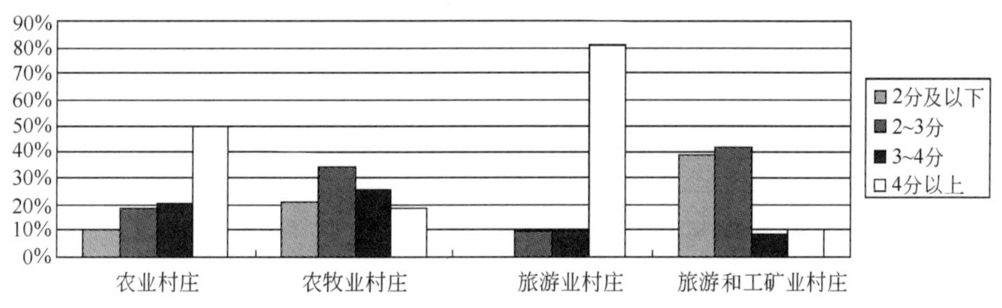

图 3-4-8　不同类型村庄村民可接受宅基地面积统计图

面积较小，3 分以下的占 80％左右。这与其从事的产业有很大关系，像古镇旅游这样的产业，村民除居住要求以外，商业用房是其主要需求，这也是其维持生计的根本；而从事工矿业的村民其宅基地主要用于居住，其他用处较少。对于广大以农业为主的村庄，宅基地需求最多的也是 4 分以上，占 50％左右，这与当地的农业生产方式有关，农民除居住需求外，还要存放农具、养殖牲畜、存储粮食甚至还需要自家的打谷场。以农牧业为主的村庄对存储农具、粮食、打谷场的需求较小，除居住需求外，牲畜的圈舍需求量可能较高，因此这类村庄的主体需求以 2～4 分宅基地的人数为多。

在受调查的村子中 50％以上的农户要求家里有宅院场地，用于堆放农具、养家禽和牲畜，还可以利用自家的宅院场地打谷晒场，因此确定农民宅基地面积时应结合农村劳动生活的特点和习惯，以满足建设农房、养家禽和牲畜、晒场的基本功能要求（带自有宅院场地的民宅如图 3-4-9 所示）。

综合农民意愿调查结果，坚持节约集约用地原则，建议各农户宅基地面积按每户人口数量制定宅基地指标以便控制。一般每户宅基地面积控制在 200m^2以内，人均耕地面积较少的村庄控制在 140m^2以内，少数民族聚居地区的村民宅基地可取上限，但不得超过政策规定。

图 3-4-9　四川什邡县宏达新村民宅

同时农民宅基地场地选址是极为重要的。农民宅院场地还是防灾避难的重要场所，除预防地震外，更须预防滑坡、坍塌、泥石流、山洪、碎石等易发、多发灾害。

选址上要有利于保护耕地，可以采用原址重建、在本村范围搬迁重建和异地搬迁重建三套方案。原有村庄不存在地质灾害隐患可就地重建的，尽量在原址建设；如需在本村范围搬迁重建的，在村庄辖区内选择使用集体建设用地和未利用土地，确需占用耕地的，首先选择劣质耕地，再选择一般耕地，尽量不占或少占良田；异地搬迁重建，则用该村原有耕地进行置换。

4.2.2　每户农民的建房面积

1. 建房面积意愿调查

有 25.55％的受访者认为 120m^2及以下是比较合适的建房面积，29.14％的受访者认为 120～140m² 比较合适，45.31%的受访者认为 140m² 以上比较合适。

2. 调查分析

与宅基地需求基本平衡，建房面积的分布也有相似的特征，旅游业村庄要求的建筑面积最高，140m² 以上的占 80%以上，工矿业从业人口较多的村庄，建筑面积的需求普遍较小，120m² 及以下所占的比例最多，为 46.41%，120～140m² 占 24.47%；农业和农牧业村庄对建筑面积的需求基本相似，140m² 以上最多，基本在 55%～59%之间，其次是 120～140m²，村民所占的比重在 30%左右（见图 3-4-10）。

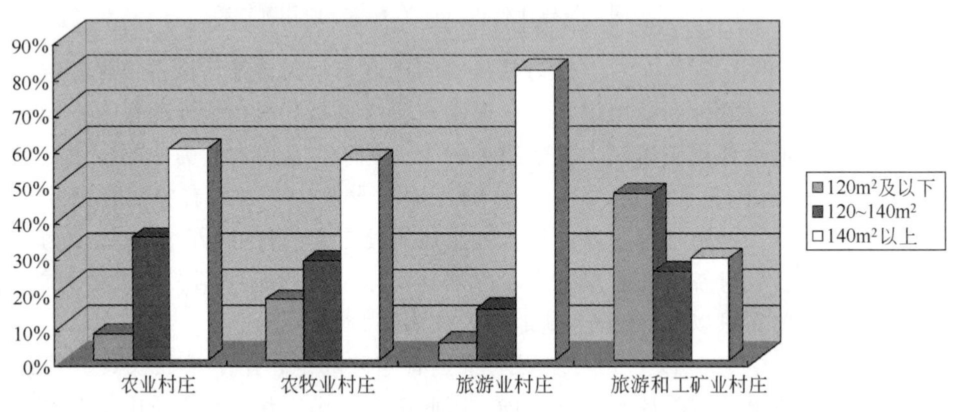

图 3-4-10　不同类型村庄村民可接受建筑面积统计图

受访者表示，一般农村的人均住房面积都较大。被调查的很多家庭震前都有十几间甚至二十几间房子，如果想恢复到地震前的住房面积是不大可能的。调查中，很多人表示住房面积当然是越大越好，可是受灾的人太多了，政府也没有那么多钱，少一点也行，有住的地方就可以了。受访者一般愿意选择建平房或二层楼房，但是从节约土地的角度考虑，建楼房也能接受。

农村住房方案应针对不同的地形、不同的家庭和农村生产生活特点进行特别设计，要考虑到实用、美观以及住房功能的合理划分，在农房的面积、功能、标准和与农村基础设施对接方面都留有余地，以提高住房利用率。这样在满足同等需要的条件下，可以减少建房面积，降低农房造价。

图 3-4-11　民宅设计方案图

同时，灾后重建农村住房应从单纯追求面积向不断完善功能转变，从注重房屋建造向注重改善环境转变，并注重地方特色，完善室内设施投资，以切实改善农民生活条件。

综合农民意愿调查结果，建议当地建设行政管理部门提供《农村住房设计方案图集》，发放到每个乡镇和行政村，供农民建房选用，设计方案图如图 3-4-11 所示。

4.3 建筑与结构形式农民意愿调研

4.3.1 总体情况

表 3-4-8～表 3-4-10 描述了不同调查点受灾农民希望选择重建房屋的建筑形式、结构形式和建筑材料情况。数据显示，阿坝州灾民在建筑形式、结构和材料上对传统民族形式和传统材料选择的比例均多于成都和德阳两市。三个表格的卡方检验值都通过了显著性检验，表明差异显著。

不同调查点受灾农民希望的建筑形式选择差异分析 **表 3-4-8**

地区	现代形式	传统民族形式	合计	(n)	检验值
阿坝	19.3	80.7	100.0	(202)	X_2=249.829
成都	88.2	11.8	100.0	(211)	D_f=2
德阳	77.8	22.2	100.0	(270)	P=0.000
总体	63.7	36.3	100.0	(683)	

不同调查点受灾农民希望的建筑结构形式选择差异分析 **表 3-4-9**

地区	框架结构	砖混结构	传统形式	合计	(n)	检验值
阿坝	45.8	11.8	42.4	100.0	(212)	X_2=182.186
成都	72.8	25.8	1.4	100.0	(213)	D_f=4
德阳	84.0	8.6	7.4	100.0	(268)	P=0.000
总体	68.8	14.9	16.3	100.0	(693)	

不同调查点受灾农民希望的建筑材料选择差异分析 **表 3-4-10**

地区	现代材料（钢筋混凝土、砖等）	传统地方材料	合计	(n)	检验值
阿坝	50.2	49.8	100.0	(209)	X_2=141.400
成都	94.4	5.6	100.0	(216)	D_f=2
德阳	86.5	13.5	100.0	(289)	P=0.000
总体	78.3	21.7	100.0	(714)	

从村庄的分类来看，普通农庄和工矿从业人口较多的村庄对现代形式的建筑的倾向性较高，分别占统计问卷的 87.31%和 75.94%，少数民族居住区高达 80%的村民希望采用传统的建筑形式，旅游区村民也有三分之一希望采用传统形式；从建筑结构来看，除少数民族地区仍有较多的村民倾向于传统形式外，其他地区的村民普遍倾向于采用框架结构建筑，赞成采用砖混结构的村民很少，主要因为本次地震中，砖混结构建筑损坏严重，而大多保留下来的建筑多为框架结构建筑；从选用建筑材料来看，除少数民族地区仍有较多的村民倾向于传统地方材料外，其他地区的村民普遍倾向于采用现代材料（钢筋混凝土、砖等），其倾向性高达 90%以上（见表 3-4-11 和图 3-4-12～图 3-4-15）。在赞成采用传统结

构和传统材料的问卷统计中，平均 85%以上的受访者希望采用传统木结构和木材作建筑材料，一方面木结构和木材的抗震性较高，另一方面也与当地的木材较充足有关。

地震灾区重建房屋面积、建筑形式与建筑材料调查汇总表（%）　　表 3-4-11

一类指标	二类指标	以农业为主村庄	以农牧业为主村庄	以旅游业为主村庄	以旅游和工矿业为主村庄
重建所需宅基地面积	2 分(约 135m²)及以下	10.66	20.93		38.99
	2～3 分(约 200m²)	18.78	34.42	9.52	41.88
	3～4 分(约 265m²)	20.30	25.58	9.52	8.55
	4 分以上	50.26	19.07	80.96	10.68
比较合适的建房面积(m²)	120m² 及以下	7.11	16.59	4.76	46.41
	120～140m²	34.01	27.65	14.29	24.47
	140m² 以上	58.88	55.76	80.95	28.27
建筑形式	现代形式	87.31	19.31	66.67	75.94
	传统形式	12.69	80.69	33.33	23.58
结构形式	框架结构	65.94	45.75	95.23	85.51
	砖混结构	27.92	11.79		5.14
	传统形式	3.54	42.45	4.76	9.35
采取传统结构时优先考虑	传统木结构	60.41	88.68	76.19	74.52
	黏泥夯筑	8.12	7.55	4.76	10.58
	石砌	3.55	3.77	9.52	
	无	18.27		9.52	14.90
选用的建筑材料	现代材料(钢筋混凝土、砖等)	93.40	50.24	95.23	83.47
	传统地方材料	6.60	49.76	4.76	16.09
采用传统地方材料时优先考虑	木材	76.14	91.33	90.48	86.40
	土	2.54	3.57		21.93
	石材	8.12	5.10	9.52	4.39
	无	13.20			7.01

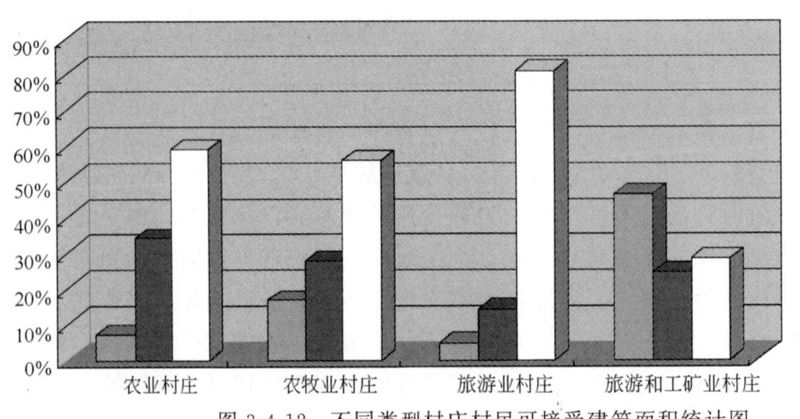

图 3-4-12　不同类型村庄村民可接受建筑面积统计图

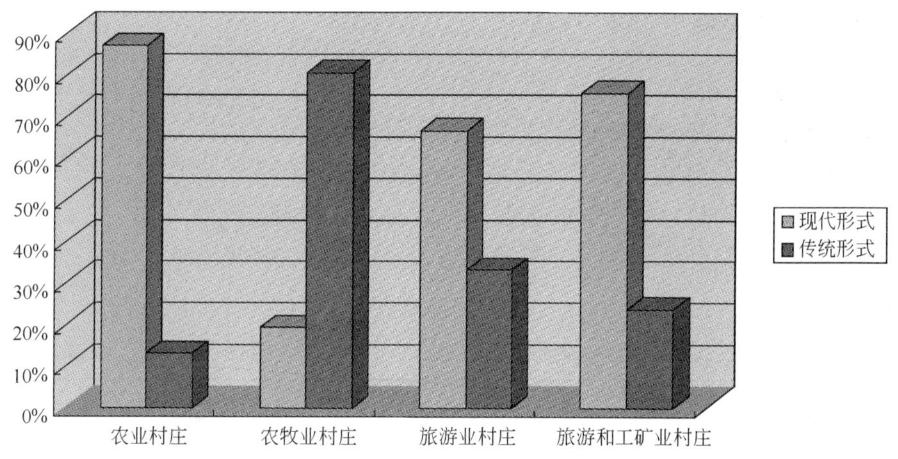

图 3-4-13　不同类型村庄村民可接受建筑形式统计图

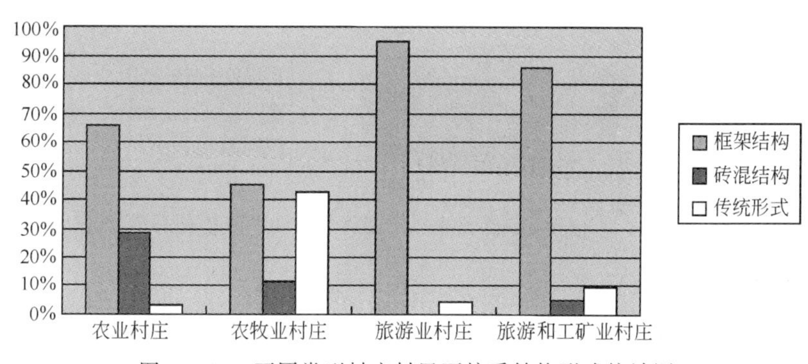

图 3-4-14　不同类型村庄村民可接受结构形式统计图

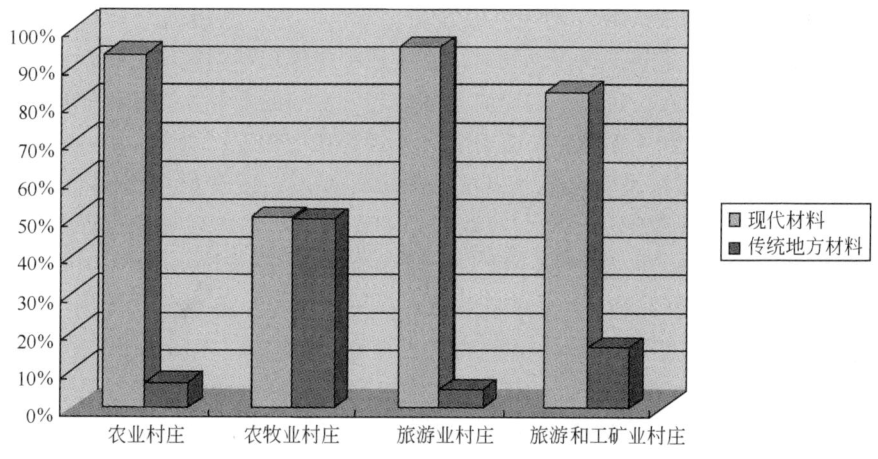

图 3-4-15　不同类型村庄村民可接受建筑材料统计图

结果启示：在建筑形式选择和重建规划时，需要考虑不同民族、不同村庄类型，每个地区必须因地制宜，照顾地区差异性，切忌一刀切；从而避免对安置方式、补助形式带来一系列问题。

4.3.2 建筑形式选择

1. 建筑形式民意调查

在受调查的德阳、都江堰等各乡镇中绝大多数村民都是汉族人，大多数人表示只要回到震前那样坡屋顶的瓦房就可以，可见大多数村民对建筑形式认识不高。

在调查阿坝藏族羌族自治州时，主要居住着藏、羌、回、汉等民族，有高达 80.69% 的受访者选择有民族特色的传统民族形式建筑，建筑形式选择民意调查如表 3-4-12、图 3-4-16 所示。

阿坝藏族羌族自治州建筑形式选择民意调查　　表 3-4-12

建筑形式	统计数量	比例(%)
现代形式	39	19.31
传统形式	163	80.69

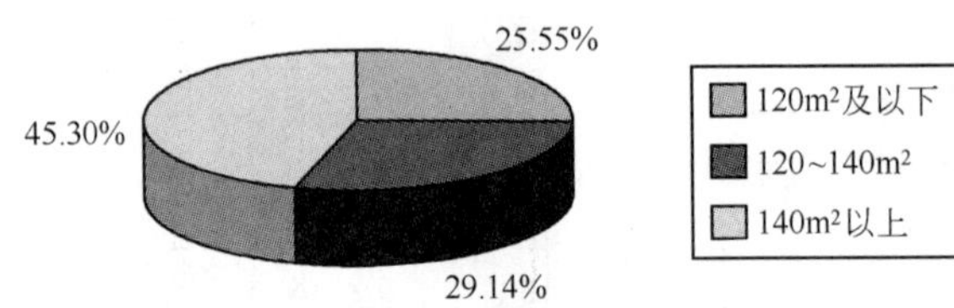

图 3-4-16　阿坝藏族羌族自治州建筑形式选择比例分配

2. 调查分析

从上述灾区农民意愿调查结果中发现，对建筑形式和内容规划时，需要考虑不同的民族特性和地区特性。在农村重建中应注意建筑形式与地形地貌的结合，不能按单一标准、简单照搬移植建设。高山高原、中山峡谷、平坝浅丘的村庄应在空间布局、建筑设计等方面采取不同的方式，保持传统的汉、藏、羌等多民族文化特色，充分利用当地材料和震后回收建材，传承和体现川西北民居建筑风格。同时，在重建中应体现不同区域文化，同一区域中应体现个性差异。避免出现在面貌一新的同时，面貌趋于雷同的现象，导致生态环境和文化特色个性的丧失。生态环境和文化特色是提升灾区生活满意度和发展竞争力的内在潜质。

调查中发现其实很多村民对建筑风格没有太多的要求，或者根本提不出具体的要求。但作为地方政府应担负起对建筑风格与风貌引导的责任，明确灾后重建过程中保护生态环境、传承文化特色的任务。灾区的每个城市、每个乡镇、每个村庄的风土人情、生态环境和文化特色都是在长期发展过程中积累起来的，在重建时要注意恢复与发扬。

（1）传统民居风格。广元一带的民居采用土夯与砖砌墙体，屋顶采用悬山式，往南至剑阁就逐渐转变为硬山屋面；从广元到江油住宅形成曲尺形平面；绵阳、德阳的北部以三合院落为主，南部逐渐发展成四合院落；再往西南到彭州、都江堰、郫县、温江一带就以典型的川西民居为主。雅安一带有汉文化的底蕴，建筑形式带有浓郁的古汉特质。

（2）藏羌民居风格。在阿坝的汶川、茂县、理县及绵阳的北川一带孕育了深厚的藏羌文化，其建筑也带有藏羌文化的特质。

（3）客家民居风格。

（4）土家民居风格。采用传统的吊脚楼干栏式楼居与地居的结合体。

4.3.3　结构形式选择

1. 结构形式民意调查

结构形式不同，房屋的抗震性能大不同，房屋受损和人员伤亡程度也完全不一样。统计数据显示，地震中超过 95%的死亡是因建筑物倒塌所致。因此，在对灾区农民意愿调查中，有 68.83%的受访者喜欢框架结构，14.86%的受访者选择砖混结构，16.31%的受访者选择传统形式。

在传统结构形式选择，对灾区农民意愿调查中，有 75.37%的受访者选择传统木构架，9.73%的受访者选择黏泥夯筑，很少受访者选择石砌，还有 12.39%的受访者没有要求。

通过调查可以看出，有相当多的村民希望重建房屋采用框架结构。这次地震使大家对框架结构的抗震性能有了深刻而形象的认识。例如，松林村房屋基本倒塌，唯一剩下几处没有倒塌的房屋都是框架结构的房屋，但是框架结构的房屋造价相对偏高。所以，我们需要一种既经济环保合格又抗震性能的建筑结构形式。

同时传统木结构房屋也体现出每个村庄的风土人情、生态环境和文化特色。

2. 房屋建筑震害主要原因的调查分析

（1）决定房屋损毁程度的首要因素是地震烈度

建筑物所在地区的地震烈度，不仅与地震大小（震级）有关，也与距地震中心的远近和当地的地质条件有关。这次汶川地震的震级是 8 级，震中区烈度达 11 度，造成的破坏很严重，但震中区外围的成都市区仅有 7 度，损失相对较小。初步调查显示，什邡、绵竹、都江堰等地区部分城镇几乎被夷为平地，地震在同一个地区产生的破坏程度并不完全相同，同类建筑物破坏方式也不相同。

（2）震后建筑调查评估：结构形式不同，抗震性能大不同

1）城镇及周边地区建筑损坏总体情况

严重损坏：农房、预制多孔板砖混结构、底框结构等，这些建设年代较早、抗震设防较低的房屋建筑，无构造柱等抗震构造措施（见图 3-4-17），大多楼板采用预制板的装配式结构，同时施工质量也存在不同程度的问题（见图 3-4-18）。

图 3-4-17　无构造柱的砖混结构

图 3-4-18　无构造柱、预制板式砖混结构

中等损坏：现浇板砖混结构、框架结构等房屋建筑，损坏部分主要为围护结构，加固后可继续使用。

轻微损坏：框架结构等，近年来按照标准规范新建的房屋建筑。

2）初步评价

从“5·12”地震造成的破坏来看，经正规设计、有抗震设防且施工质量有保证的城市房屋建筑，基本上达到了“小震不坏、中震可修、大震不倒”（见图 3-4-19）、“强柱弱梁”（见图 3-4-20）的抗震设防目标；没有抗震设防、未经正规设计施工的房屋和一些农村自建的砖木结构、砖混结构的民房，在地震中震害严重。

图 3-4-19 设有圈梁构造柱的砖混结构

图 3-4-20 “强柱弱梁”框架结构

（3）设计、施工质量是房屋损毁程度的关键因素

经现场调查发现，都江堰市距离映秀只有 20km，凡按照规范进行合理设计、施工质量有保证的建筑物，未见倒塌性破坏，基本达到该市 7 度大震的设防标准。新建建筑破坏较少；而 20 世纪八九十年代修建的普通建筑破坏较多，主要原因在于那时的建筑市场比较混乱，建筑设计、施工缺乏监管，导致设计不合理，施工质量差。

1）建筑设计不合理

主要表现在框架结构与砖混结构混用以及圈梁和构造柱数量不足，而构造柱对维持砌体结构破坏后的整体性和抗倒塌能力起到关键作用。而 2000 年以后的新建筑质量较好，但对框架结构抗震性能的把握仍有欠缺，如未实现“强柱弱梁”，致使不少现浇混凝土框架结构严重损坏甚至倒塌。

如某砖混结构房屋的纵横墙交接处无构造柱，预制板未按抗震要求与梁连接，混凝土施工质量差，砂浆强度低，致其倒塌（见图 3-4-21）。同样是采用预制板的砖混结构，按规范采取适宜的抗震措施，是能够保证抗震性能的（见图 3-4-22）。

图 3-4-21 某学校教学楼

图 3-4-22 刘汉希望小学

2）施工质量不满足规范要求

经现场调查发现，施工质量差主要表现在施工人员专业基础差，大量的村镇房屋因不是通过正规的施工单位建造的，故造成倒塌和大量人员伤亡及财产损失。砌筑砂浆强度等级低，混凝土骨料为大直径（30～50mm）卵石，且无级配（见图 3-4-23）；梁的负弯矩

的钢筋严重不足，支座处钢筋锚固长度不够；框架柱节点处箍筋直径小，间距偏大，未实现“强柱弱梁”（见图 3-4-24）；许多框架结构的填充墙因为未按规范要求设置拉结筋而遭到大量破坏，致使倒塌伤人。

图 3-4-23　骨料为大直径（30～50mm）卵石，且混凝土无级配

图 3-4-24　框架柱节点处箍筋直径小、间距偏大，未实现“强柱弱梁”

3. 不同结构类型房屋建筑震害主要特征的调查分析

农村住房建筑结构类型主要包括土坯房、木架构结构、砖木结构、砖混结构、框架结构等。现场调查中发现，不同的农村住房建筑结构，有不同的房屋建筑震害主要特征。

（1）木架构结构

木架构结构体系一般是由结构木方、板材、保温棉填充而成，是目前国际上尤其是北美地区、新西兰以及日本等国家低层和多层住宅采用的主要结构形式。现场调查中发现，因其质量轻、强度高以及结构柔韧性好，表现出良好的抗震性能而经受住“5·12”大地震的考验，成了名副其实的“大震不倒”建筑（见图 3-4-25～图 3-4-27）。

图 3-4-25　二层穿斗木结构（围护结构为内木板＋外灰砂砖）

图 3-4-26　建筑木梁柱结构完整，墙体开裂

图 3-4-27　后部倒塌，前部为装饰性中式木结构，未倒塌

(2) 砖木结构

砖木结构房屋在四川省震中农村地区分布较为普遍，该类房屋为木屋架承重，砖墙作承重围护墙，形成“头轻脚重”结构，此类房屋在本次地震中破坏形式大多为：①承重墙倒塌，木屋架倒塌或倾斜（见图 3-4-28）；②木屋架纵、横向节点连接松动，榫接处普遍破坏，屋面檩条、瓦片掉落严重（见图 3-4-29）。

图 3-4-28 承重墙倒塌，木屋架倒塌或倾斜

图 3-4-29 节点连接松动，榫接处普遍破坏，屋面檩条、瓦片掉落严重

(3) 砖混结构

多层砖混结构一般底层破坏较为严重。砖墙剪切破坏，呈斜裂缝（见图 3-4-30）、“X”形砖剪切裂缝和水平裂缝（见图 3-4-31）；砖块被剪断、挤压破碎，墙体破坏后发生较大的位移和错位（见图 3-4-32、图 3-4-33）；大开间单跨外廊的砖混结构破坏严重。

图 3-4-30 砖墙剪切破坏，呈斜裂缝

图 3-4-31 “X”形砖剪切裂缝

图 3-4-32 墙体被剪断、挤压破碎

图 3-4-33 墙体破坏后发生较大的位移和错位

(4) 现浇框架结构

现浇框架结构主体未见明显震损，但非结构主体的填充墙、粉刷、面饰、门窗玻璃等

脱落，裂缝较严重（见图 3-4-34、图 3-4-35）。

图 3-4-34　框架结构完好，围护墙损坏（一）

图 3-4-35　框架结构完好，围护墙损坏（二）

（5）钢结构

钢混结构、轻钢网架屋顶结构，抗震效果好（见图 3-4-36）。

图 3-4-36　钢混结构、轻钢网架屋顶结构

4. 对相同地点、不同建筑物震害的调查分析

（1）红白镇中心学校初中部

如图 3-4-37 所示，右侧的三层教学楼右边部分全部倒塌，左边部分则摇摇欲坠；左侧的一层教学楼、四层学生公寓和食堂依然伫立。

图 3-4-37　红白镇中心学校初中部

经调查发现：右侧倒塌的三层教学楼（见图 3-4-38）属于砖混结构但未设混凝土圈梁和构造柱，采用混凝土空心板楼盖。

左侧未倒塌的一层教学楼（见图 3-4-39）为黏土实心砖墙体、木檩体系瓦材屋面的“头轻脚重”砖木结构，但由于无混凝土圈梁和构造柱，窗间墙宽度明显不满足规范规定的承重外墙尽端至门窗洞口边 1.0m 的最小距离要求。窗间墙受力截面大大削弱，在窗台位置和墙顶发生脆性的剪切破坏。

图 3-4-38　红白镇中心学校初中部教学楼，无混凝土圈梁和构造柱

图 3-4-39　黏土砖木屋盖，无混凝土圈梁和构造柱

左侧的食堂是框架柱梁—轻钢屋盖结构，大震中依然伫立不倒。

（2）红白镇中心学校小学部

经调查发现：小学的二层宿舍楼受到严重破坏但未倒塌，其为二层黏土砖砌体、预制空心板楼盖、木檩体系瓦材屋面的“头轻脚重”砖木结构，外墙圈梁兼过梁，但无构造柱。

小学原三层教学楼已成一片瓦砾，教学楼为黏土砖砌体结构，预制空心板楼面屋盖，现场未见混凝土梁和柱，整体性很差。

4.3.4　调查分析结论

1. 传统的木结构建筑、穿斗式木构架建筑

特点：就地取材，施工简易快速，整体性相对较好，质地轻、结构柔韧性好，具有良好的抗震性能。但由于木材资源稀缺，其造价比砖混结构、砌石房屋高，且外墙容易腐烂变质，防水、防火、防寒性能差，保温隔热性能差。而当地地处高海拔地区，冬季气温低，满足当地居民保温、防寒要求。

应用：结合当地传统风土人情、生态环境和文化特色，非常适合在农村村镇推广应用。

2. 木—砖（石）结构建筑

特点：总结抗震经验，可以将砌砖房屋和传统的木构架结构房屋有机结合形成木—砖（石）结构建筑，发挥各自优势，房屋抗震性能好，提高了房屋的防水、防火、保温性能，而且就地取材，施工简易快速，造价较低。

应用：可以在农村村镇 1～2 层低层房屋中推广应用。

3. 砖木结构

特点：该类房屋为木屋架承重，砖墙作承重围护墙，形成“头轻脚重”结构，具有良好的抗震性能。符合当地传统风土人情、生态环境和文化特色，而且就地取材，造价较低。

应用：可以在农村村镇低层房屋中推广应用。

4. 砖混结构

特点：就地取材，造价不高，施工简易快速，保温、隔热、耐火性能好，耐久性能好。但该类房屋属于砖墙、混凝土楼板屋面板结构，采用脆性材料建造，抵抗地震力作用是非常不利的，易造成大量房屋变形、开裂破坏甚至倒塌，所以规范规定设计砖混结构建筑时应设置必要的抗震构造措施，确保满足抗震要求。

应用：可以在城市郊区、村镇多层房屋建筑中推广应用。但应满足抗震设防要求：设置钢筋混凝土构造柱；地梁、圈梁形成封闭状，并与构造柱可靠连接；现浇钢筋混凝土楼（屋）面板；按规范要求设置砖墙拉结筋等。

5. 石砌结构

特点：就地取材，造价低廉。但由于石材外表的不规则性，导致石砌结构传力不均匀，砌筑施工质量难以保证，房屋结构整体性很差；石材也属于脆性材料，抵抗地震力作用是非常不利的，即使设置必要的钢筋混凝土构造柱、地梁、圈梁等抗震构造措施，效果也不明显。

应用：虽然当地农村有丰富的石材资源，但建议不要推广应用。

6. 框架结构

特点：结构整体性好，延性好，抗震性能好，就地取材，但造价相对较高。

应用：多用于城镇多（高）层建筑、跨度较大的公共建筑。

7. 钢筋混凝土剪力墙结构

特点：钢筋混凝土剪力墙结构有较大的抗侧刚度，在地震作用下位移较小。经过抗震设计的剪力墙结构，在大震作用下，破坏会局限于门窗洞口处出现裂缝，即使墙体开裂，各墙肢也可支承楼板，不会发生大规模的垮塌。从日本阪神地震的实例来看，钢筋混凝土剪力墙结构房屋未出现大的破坏，震害较轻。

应用：多用于城市多高层住宅。

8. 框架—剪力墙结构

特点：框架—剪力墙结构是在框架结构中合适的部位增设剪力墙，在提供满足功能需要的大空间的同时，由增设的剪力墙提供较大的抗侧刚度，提高结构的抗震性能。

应用：主要用于城市公共建筑和多高层建筑。

9. 钢结构

特点：结构整体性好，质地轻、结构延展性好，可以将地震波的能耗抵消掉，具有很高的抗震性能，而且施工周期短、工业化程度高、环保性能好的特点也显著优于混凝土结构，钢结构应成为重建家园的最佳选择。但其造价很高。

应用：一般在工业生产厂房、跨度较大的公共建筑中采用。

4.4 建筑材料农民意愿调查

4.4.1 建筑材料民意调查

对灾区农民意愿调查中，有 78.29%的受访者希望采用现代材料，21.71%的受访者希望采用传统地方材料。

针对传统地方材料对灾区农民意愿调查中，有 82.98%的受访者希望采用木材，

2.72%的受访者希望采用土质材料，6.58%的受访者选择石材，7.72%的受访者对材料无要求。

4.4.2 调查分析

一场大地震让人们开始重新审视建筑结构与建筑材料的科学性，建筑的质量、抗震性能与设计、构造紧密相关，而建筑材料的选用、施工配比才是一座建筑能否抵御强震的关键性因素。从建筑材料的角度来看，抗震建筑材料必须具备轻质、高强、高韧等特性，例如：木、轻钢、钢、钢筋混凝土、复合材料等。

我国森林覆盖面积小，人均木材占有量小，钢材成本高。因此，从造价和技术上考虑，从中国国情出发，四川灾后重建还是应以采用传统建筑材料为主，如砖、砌块、瓦、钢筋混凝土等；建议最好采用轻质高强的环保型建筑材料，如采用加气混凝土砌块、新型轻质水泥基板材、农作物秸秆板材等作为非承重结构围护墙，一方面可以提高建筑抗震等级，另一方面可以实现建筑节能。

1. 木材

中国传统建筑主要是木结构，由于其材质的柔韧性，具有良好的抗震性能，成本也不是很高。但在人口众多的中国推广木材作建筑材料存在下列问题：

（1）可供采伐的森林资源稀缺而且破坏生态；

（2）在结构上，木材并不适合城市的高层集合建筑，防火性较差。

2. 墙体材料

主要建筑墙体材料包括砖、空心砌块等，这些砌体材料均属脆性材料，抗折强度低。实心砖主要用于砖混结构的承重墙体，以多层或者跨度不大的建筑为主；而空心砌块主要用于钢筋框架结构中不承重的围护结构。

3. 钢筋混凝土用材

水泥、混凝土作为目前人类使用量最大的建筑材料，自1824年诞生至今，在人类社会经济与文明发展的过程中起到了非常重要的作用。但从抗震的角度，水泥混凝土由于属于脆性材料，对于其作为结构材料是不利的，尤其是作为有高抗震要求地区建筑的结构材料是不利的。解决这一问题可以通过混凝土结构设计、采用增强钢筋等途径实现，也可以通过加强控制混凝土施工质量提高水泥混凝土自身性能。具体措施如下：

（1）严格控制混凝土水灰比，适当掺入高效减水剂。不仅可以大大改善混凝土的工作性，而且可以大幅度提高混凝土的强度和耐久性；但必须指出，强度不是万能的方案，混凝土强度越高，极限压应变越小，混凝土破坏时脆性特征越明显，这对于抗震来说是不利的。

（2）选择级配良好的砂石集料。砂石集料质量是影响混凝土质量的重要因素。经现场调查发现，四川灾区鹅卵石非常丰富，当地建筑施工时本着就地取材、节约成本的原则，大量使用了表面光滑、粒径很大、级配不符合要求的鹅卵石，严重影响了混凝土强度，造成施工质量问题。

（3）钢纤维混凝土是一种性能良好的新型复合材料。掺加钢纤维或聚合物纤维可有效地提高混凝土的早期抗裂能力，混凝土的延性也可得到提高，从而使其抗拉、抗弯、抗剪强度等性能较普通混凝土显著提高，其抗冲击、抗疲劳、裂后韧性和耐久性也有较大改善，如果在框架梁柱节点采用钢纤维混凝土可代替部分箍筋，既改善了节点区的抗震性能，又解决了钢筋过密、施工困难等问题。

综合以上分析不难得出，从建筑材料的角度分析抗震要求，一方面材料应具有足够的强度，虽然强度高并不等于抗震能力强，但对于具有脆性材料特征的建筑材料，其抗折、抗拉强度更为重要；另一方面材料应具有优异的耐久性和安全可靠性，以抵御不同使用环境下不同介质对材料产生的各种不利影响，以提高材料使用中的安全性和延长使用寿命。

4.5 建议

地震不能避免，地震预报是目前尚未解决的世界难题，但从理论上由于地面震动引起的房屋建筑的地震灾害是可以通过抗震技术加以减轻的，以实现房屋建筑“小震不坏、中震可修、大震不倒”、“强柱弱梁”的抗震设防目标。我们应总结经验，吸取教训，重点关注灾后重建如何提高建筑物的抗震性能，从房屋选址、设计、材料、施工、管理等环节保证建筑物的质量。

（1）认真仔细的震害调查

针对灾区建筑物的不同建设年代、用途、层数、结构类别、平面形状，不同地区房屋建筑的破坏情况，分析造成震害的原因（设防标准、结构体系、结构设计、施工质量等）。对可加固使用的建筑做出鉴定。

（2）调整抗震设防标准，合理选用结构体系，严格结构设计

1）进行整体规划，划出不适宜建设的地区，做好地震区建设规划的调整。应对岩土工程勘察提出新的要求，要求勘察单位对拟建场地周围可能存在的滑坡、塌方、泥石流做出较详细的评估，并对场地是否避让提出明确合理的建议。地质复杂的县级以上城市建设场地应提供剪切波速，合理划分场地类别。

2）城市的重要生命线工程（如通信、供水、供电等生命线工程）和人流密集的大型公共建筑（如医院、学校等建筑）应为受灾时的应急场所，建议适当提高重要生命线工程、医院、中小学以及幼儿园等建筑的抗震设防类别，建议按乙类抗震设防。

3）将村镇建筑纳入国家规范体系

应将村镇建筑纳入国家标准规范体系，政府加强指导、监管。开展对农房重建设计图纸的审查，尤其要求农房设计必须设置构造柱、圈梁、过梁、地梁、拉结筋等抗震构造措施，以满足抗震要求。

4）对砌体房屋和底部框架上部砌体房屋严格设计

这次地震中，多层砌体房屋和底部框架上部砌体房屋大量倒塌，对这类房屋应严格按《建筑抗震设计规范》GB 50011—2010 进行设计，不可超过规范限制的使用范围。

应严格限制预制楼板的使用范围。公共建筑、居住建筑、指挥及保障（通信、供水、供电等生命线工程）等建筑中不得采用预制楼板。

两层以上的幼儿园、中小学、医院及大开间或外廊式建筑、指挥及保障（通信、供水、供电等生命线工程）建筑必须采用钢筋混凝土结构（框架体系、剪力墙体系、框剪体系）。

5）大型或重要建筑宜按“抗震性能设计”方法，适当提高结构的抗震性能目标，以保证在设防烈度地震作用下结构不发生屈服；在高烈度区或重要建筑中，采用新型减震、隔震、消震技术，提高结构整体抗震水平。

6）建议房屋设计时考虑设立防震避灾紧急疏散避难设施。如日本旅馆甚至住宅阳台都有一个 1m×1.5m 的盒子，它能自动弹出金属疏散软梯作为紧急疏散之用。

（3）全方位控制施工质量，增强房屋抗震性能，提高建筑质量

1）必须加大规范执行力度的监督检查。要利用政府有效的监督管理机制加强职能管理，对国家标准要严格执行，对建筑物要严格按照设计施工建造，对施工质量要严格监管。加强对业主、设计、施工、监理等单位的工程质量责任监督。

2）材料是建筑工程的物质基础，加强对工程使用的原材料、构配件和半成品的质量控制，提供材料检测手段。提倡采用新工艺、新结构、新材料和新技术，对涉及结构安全的主要材料（如：水泥、钢筋、砂浆和混凝土的配合比及试块、砖等）质量必须先检测合格后使用。

3）钢筋混凝土结构中必须加强填充墙与剪力墙以及框架梁柱的拉结构造措施，条件许可时填充墙必须采用轻质材料。

4）对地质条件恶劣地区和生态环境脆弱地区，对中小学校舍、人员集中的公共场所等建筑物的质量进行全面清查。对今后新建的建筑物在抗震等抵御自然灾害方面制定新的标准和规定，对质量不符合新的标准和规定的建筑物，进行加固处理或新建。

（4）设立地震灾害遗址博物馆，警示后人

建议选取有代表性的重灾村镇作地震灾害遗址博物馆。作为地震灾害遗址，要求遗址内建筑结构类型齐全，钢结构、砖混结构、框架结构、砖木结构、木结构……几乎涵盖所有现代建筑类型；倒塌程度和倒塌方式应多种多样，有整体倒塌、有开裂、有倾斜，更多的则是部分倒塌。

地震灾害遗址博物馆拟作地震灾害的活教材，供活着的人前去参观和反思，悼念死者，激励生者，安慰前人，警示后人；珍惜生命，永远牢记工程安全和工程质量高于一切。

致　谢

本次调查是在 2008 年“5·12”汶川大地震发生一个月后开展的，调查期间国家及各省市对四川灾区的抗震救灾行动仍在紧张进行，国家对灾区的灾后重建规划正如火如荼地展开。在赴川期间，我们感受到当地各族人民的纯朴、善良和勤劳，许许多多的事让我们感动，感谢沿途的少年给我们敬的队礼，感谢纯朴的藏家汉子将火炉提到路边驱逐我们体内的寒冷，感谢对基层农牧民家庭情况了如指掌的乡村干部的全程陪同，感谢夹金山上千里保畅通的突击队员们……是他们的支持使我们一路平安、顺利完成了调查，感谢住房和城乡建设部村镇建设司提供的这次宝贵机会，让我们可以对灾区人民尽一份绵薄之力！

再次向灾区人民和为抗灾而奋斗的英雄们致敬！